Albrecht Beutelspacher und Marcus Wagner

# Wie man durch eine Postkarte steigt

**HERDER spektrum**

Band 6146

Das Buch

Mathematik zum Anfassen und Selbermachen: Zwei ausgefuchste Experimentatoren schnippeln, knicken und falten, was das Zeug hält. Sie basteln Möbiusbänder und Doppelringe, bauen einen Spiegelkasten und steigen ganz ungeniert durch eine Postkarte. Ob im DIN-Format zum Mond oder beim unfairen Würfelspiel: Mit Lineal, Schere und Klebstoff in der Hand lernen wir wie von selbst die Mathematik besser verstehen. Ein unterhaltsames und spannendes Buch für kleine und große Mathematiker. Der Bestseller nun endlich als Taschenbuchausgabe.

„Beutelspacher und Wagner schreiben herrlich einfach, alltagsnah und schnörkellos."

Bild der Wissenschaft

Die Autoren

Prof. Dr. Albrecht Beutelspacher, geb. 1950 in Tübingen, seit 1988 Professor am Mathematischen Institut der Universität Gießen und seit 2002 Direktor des Mathematikums in Gießen. Träger zahlreicher Preise, darunter des Communicator-Preises des Stifterverbands für die Deutsche Wissenschaft (2000) und des Deutschen IQ-Preises (2004).

Marcus Wagner, geb. 1979 in Bad Nauheim, Studium der Mathematik, war von 2005 bis 2007 Volontär im Mathematikum. Ab 2007 wissenschaftlicher und pädagogischer Leiter im Dynamikum Science Center in Pirmasens. Seit 2009 Lehrer für Mathematik und Physik in Berlin.

Albrecht Beutelspacher
und Marcus Wagner

# Wie man durch eine Postkarte steigt

... und andere spannende mathematische Experimente

Mit Illustrationen
von Anna Zimmermann

HERDER

FREIBURG · BASEL · WIEN

Titel der Originalausgabe: Wie man durch eine Postkarte steigt

ISBN 978-3-451-29643-7


www.herder.de

Umschlagkonzeption und -gestaltung:
R·M·E Eschlbeck / Hanel / Gober
Umschlagmotiv © Anna Zimmermann
Foto Albrecht Beutelspacher: © Mathematikum Gießen /
Foto: Rolf K. Wegst
Foto Marcus Wagner: © privat

Satz: Dtp-Satzservice Peter Huber, Freiburg
Herstellung: fgb · freiburger graphische betriebe
www.fgb.de

Gedruckt auf umweltfreundlichem, chlorfrei gebleichtem Papier
Printed in Germany

ISBN 978-3-451-06146-2

# Inhalt

# Vorwort

Mathematische Experimente – gibt es das überhaupt?

Ohne uns auf philosophische Fragestellungen einzulassen, sagen wir einfach: Ja, es gibt sie! Und in diesem Buch haben wir unsere mathematischen Lieblingsexperimente zusammengestellt. Sie müssen die Experimente nicht in der Reihenfolge wie im Buch durchmachen. Beginnen Sie mit einem Experiment, das Sie besonders anspricht.

Dass dies *Experimente* sind, daran werden Sie nicht zweifeln, denn Sie müssen etwas tun. Keine Angst! Sie brauchen weder spezielles Material (meist reicht Papier), noch ausgefallene Werkzeuge (manchmal ist eine Schere notwendig), noch speziell trainierte motorische Fähigkeiten (oft reicht es, Papier zu falten). Unser Motto lautet: Je einfacher, desto besser. In der Tat sind diese Experimente auch in besonderer Weise für Kinder, zum großen Teil sogar für Vorschulkinder geeignet, die so einen ersten Zugang zur Mathematik erhalten.

Denn es handelt sich um *mathematische* Experimente. Wie bei jedem guten Experiment werden Sie staunen, sich wundern und manchmal auch verblüfft sein. Aber die mathematischen Experimente gehen darüber hinaus. Sie geben zu Fragen Anlass (Warum ist das so?), sie regen Vorstellungen an (Wie wird aus etwas Zweidimensionalem etwas Dreidimensionales) und sie bergen in sich Hinweise zur gedanklichen Klärung. Denn oft macht es an einer speziellen Stelle des Überlegens „klick“ (der berühmte „Aha-Effekt“), und damit sehen Sie wie durch einen Blitz die „Lösung“ beziehungsweise kommen zum Verständnis.

Wenn man den Unterschied zwischen einem physikalischen und einem mathematischen Experiment scharf fasst, kann man sagen: Mit einem physikalischen Experiment wird ein Naturgesetz nachgewiesen, mathematische Experimente regen Gedanken an. In jedem Fall ist es so, dass mathematische Experimente immer das gleiche Ergebnis liefern!

In diesem Buch finden Sie ein reiches Angebot an Themen: Sie können nicht nur durch eine Postkarte steigen, sondern auch einen Fußball und weitere geometrische Körper herstellen. Sie erleben Verschlüsselungsmethoden und können Pi am Kölschglas entdecken.

Hinter all diesen Experimenten steckt auch benennbare Mathematik. An einigen Stellen haben wir das herausgearbeitet. In jedem Fall sind die Erkenntnisse, die Sie aus den Experimenten erhalten, anschlussfähig an die bekannte Mathematik. Insofern bilden diese Experimente einen reichen Schatz, von dem Kinder und Erwachsene viele Jahre zehren können.

Wir danken den Mitarbeiterinnen und Mitarbeitern des Mathematikums, die mit uns die Experimente getestet, erprobt und verbessert haben.

Wir hoffen, dass Sie viel Freude an diesen Experimenten haben. Sicher werden Sie Erfahrungen machen und feststellen, dass manches anders noch besser geht, und vielleicht vermissen Sie auch ein Experiment. Wir würden uns freuen, wenn Sie uns Ihre Erfahrungen mitteilen würden.

Schreiben Sie an
albrecht.beutelspacher@mathematikum.de
oder marcus.wagner@mathematikum.de.

Gießen, im Dezember 2007

Albrecht Beutelspacher und Marcus Wagner

## Bevor Sie anfangen

Die meisten Experimente in diesem Buch können Sie ohne Vorbereitung durchführen. Wenn Sie dieses Symbol sehen, brauchen Sie nur Materialien, die Sie vermutlich griffbereit haben: Papier, Stift, Lineal und Kleber. Schreibutensilien werden in den Experimentbeschreibungen nicht gesondert aufgeführt.
Wenn für ein Experiment sehr wenig Material und Werkzeug benötigt wird, beispielsweise ausschließlich ein Blatt Papier, so wird es mit dem Symbol gekennzeichnet. Um diese Experimente durchzuführen, brauchen Sie nur wenig Zeit. Das Symbol zeigt an, dass Sie für das Experiment zunächst ein paar Materialien besorgen müssen. Es handelt sich jedoch stets um wenige Dinge, die Sie in Bastelgeschäften oder Baumärkten finden.

### Kopiervorlagen

Für manche Experimente sind Kopiervorlagen abgedruckt. Meist empfiehlt es sich, die Vorlagen zu vergrößern. Überlegen Sie vor dem Kopieren, um welchen Faktor Sie die Vorlage vergrößern wollen. Das können Sie leicht berechnen: Messen Sie die Länge der Kopiervorlage und legen Sie fest, wie groß die Kopie sein soll. Teilen Sie die gewünschte Größe der Kopie durch die Originalgröße und schieben Sie das Komma um zwei Stellen nach rechts. So erhalten Sie die Prozentangabe, die Sie am Kopierer einstellen müssen.

Ein Beispiel: Die Vorlage ist 18 cm lang. Sie soll nach dem Kopieren ein DIN-A4-Blatt gut ausfüllen. Damit noch ein kleiner Rand übrig bleibt, soll die Länge der Vorlage nach dem Kopieren 27 cm betragen. 27 geteilt durch 18 ist

1,5. Nach dem Verschieben des Kommas erhält man den Wert 150. Stellen Sie den Kopierer daher auf 150 Prozent ein. Sie müssen dann nur noch die Vorlage an der richtigen Stelle auf dem Vorlagenglas des Kopierers anlegen.

## Basteln

Bei allen Experimenten gilt: Je genauer Sie arbeiten, desto schöner wird das Ergebnis. Viele Experimente sind jedoch so gestaltet, dass sie auch bei nicht hundertprozentig exaktem Arbeiten zu einem guten Ergebnis führen.

Das Symbol  zeigt Ihnen, welche Materialien Sie benötigen.

Bei Legespielen können Sie statt Papier auch Moosgummi verwenden. Dadurch wird das Spiel noch schöner und länger haltbar.

Bei der Herstellung von dreidimensionalen Körpern ist es hilfreich, alle Kanten genau vorzufalten. Klebestellen können Sie mit Büroklammern fixieren. Wenn Sie den Körper während der Herstellung mit Papierabfällen füllen, haben Sie beim Schließen der letzten Klebestelle einen Widerstand zum Festdrücken.

Lassen Sie den Kleber nach jedem Bastelschritt trocknen. Dafür ist etwas Geduld nötig, aber es erleichtert das Basteln ungemein. Das Trocknen geht schneller, wenn Sie nicht mehr Klebstoff als nötig verwenden. Für die meisten Experimente eignet sich Flüssigkleber oder ein Klebestift; manchmal ist eine Heißklebepistole von Vorteil.

## Wie geht es weiter?

Wollen Sie die Experimente anderen zeigen oder für sich selbst nochmals durchführen? Dann reicht ein Blick auf die Zusammenfassung am Anfang eines Experiments, um sich die wichtigsten Schritte wieder ins Gedächtnis zu rufen.

An vielen Stellen werden zusätzlich Hinweise auf Variationsmöglichkeiten oder Fortsetzungen für ein Experiment gegeben. Beispielsweise lassen sich die Techniken, die bei den Experimenten „Würfel“ und „Ikosaeder“ vorgestellt werden, auf andere geometrische Körper übertragen.

## Literatur

Wenn Sie ein Experiment und die darin steckende Mathematik besonders interessieren, können Sie in den Literaturangaben weitere Informationen finden. Teilweise handelt es sich um Bücher mit weiteren Bastelanleitungen, meist aber um Bücher und Zeitschriften, welche die im Experiment enthaltene Mathematik vertiefen. Es sind jedoch keine wissenschaftlichen Lehrbücher, sondern nur allgemein verständliche Texte angegeben.

# 1.

# Figuren

## Vom Rechteck zum Dreieck

Kann man aus einem gewöhnlichen rechteckigen Papier ein Dreieck falten? Klar, man muss nur eine Ecke umknicken. Doch so entstehen nur rechtwinklige Dreiecke. Wir wollen aber ein gleichseitiges Dreieck falten, also eines, bei dem alle Seiten gleich lang sind. Manche sagen, das sei das schönste Dreieck.

Mit nur einmaligem Falten kann man kein gleichseitiges Dreieck erhalten, aber mit ein bisschen mehr Aufwand schon. Und so geht es:

Papier im DIN-Format
(z. B. A5, A4 oder A3)

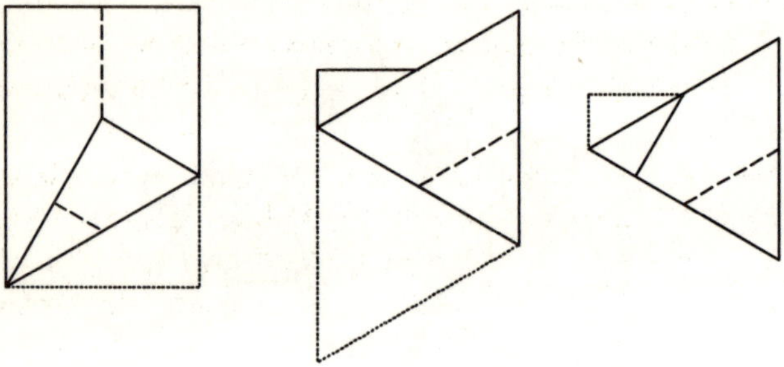

Zuerst braucht man eine Hilfslinie. Falten Sie das Blatt dazu längs in der Mitte, sodass die beiden langen Kanten aufeinanderliegen. Klappen Sie es wieder auf und legen Sie es hochkant vor sich hin.

Nun kommt der entscheidende Schritt: Falten Sie die rechte untere Ecke des Blattes so ein, dass zwei Eigenschaften gleichzeitig erfüllt sind: Erstens muss die rechte untere

Ecke auf der Hilfslinie in der Mitte liegen, und zweitens muss die neue Knickfalte durch die linke untere Ecke verlaufen. Das so entstandene Dreieck ist zwar noch nicht gleichseitig; aber seine längste Seite ist bereits die erste Seite des Dreiecks, das wir falten wollen.

Betrachten Sie die kürzeste Seite des gerade gefalteten Dreiecks. Denken Sie sich diese Seite verlängert und falten Sie das Papier entlang dieser Linie. Wenn Sie präzise gearbeitet haben, kommt die erste Faltkante genau auf die rechte Papierkante. Jetzt muss nur noch der überstehende Teil links oben abgeknickt werden, und fertig ist das Dreieck.

Wie kann man überprüfen, ob das Dreieck gleichseitig ist? Dafür gibt es viele Möglichkeiten. Sie können die Kantenlängen messen oder das Dreieck an den Symmetrieachsen falten, um zu sehen, ob die Kanten und Winkel einander entsprechen. Sie können aber auch – wenn Sie das Experiment mit anderen gemeinsam machen – mehrere Dreiecke übereinander- oder (noch besser) aneinanderlegen.

Wie viele Dreiecke kann man an einer Ecke zusammenlegen? Daraus ergibt sich der Winkel: Einmal herum sind es 360°, durch 6 gibt 60°, also ist es auch ein gleichwinkliges Dreieck.

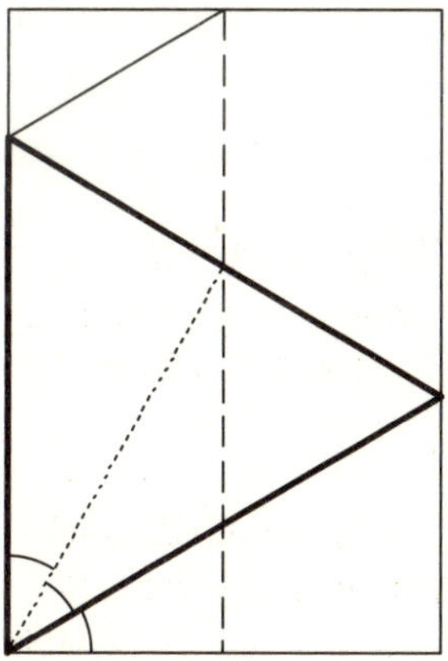

Wieso kann man so einfach aus einem Rechteck ein gleichseitiges Dreieck machen, obwohl beide auf den ersten Blick nicht viel miteinander zu tun haben? Der entscheidende Schritt geschieht bereits beim ersten Falten. Hier wird der 90°-Winkel der linken unteren Ecke des Blattes in drei gleiche Teile geteilt. Zwei Teile zusammen bilden 60°, also genau den Winkel, den man für das gleichseitige Dreieck braucht.

Man kann das sogar beweisen: Wenn man das Dreieck wieder auffaltet, kann man sehen, dass die ursprüngliche untere Kante des Blattes nach dem ersten Falten genau eine Höhenlinie des Dreiecks bildet. Das ist die kürzeste Verbindung von einer Ecke zur gegenüberliegenden Seite. Im Fall des gleichseitigen Dreiecks trifft jede Höhe genau auf die Mitte einer Seite. Daher muss man die rechte untere Ecke zuerst auf die Hilfslinie in der Mitte falten. Die Hilfslinie teilt jede Verbindung zwischen der rechten und der linken Kante des Blattes automatisch in zwei gleiche Teile. Der Rest ist dann eine Wiederholung dieses Schrittes.

## Vom Rechteck zum Quadrat

Bei vielen Faltexperimenten ist das Quadrat die Ausgangsform. Sie können diesen Abschnitt als Anleitung zur Herstellung eines Quadrats aus einem rechteckigen Blatt Papier verwenden und gleichzeitig etwas über die Besonderheiten des Quadrats erfahren.

Papier
Schere

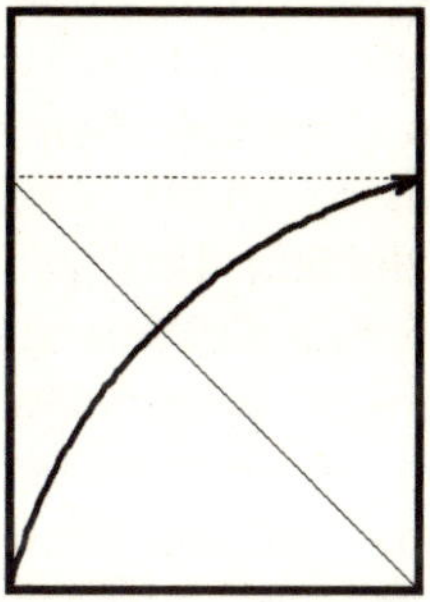

*Durch Falten wird bestimmt, an welcher Stelle ein rechteckiges Blatt Papier abgeschnitten werden muss, um ein Quadrat zu erhalten.*

Wenn Sie aus einem Blatt Schreibpapier ein möglichst großes Quadrat machen möchten, können Sie ein Lineal zu Hilfe nehmen. Ein Blatt im DIN-Format ist 21 cm x 29,7 cm groß. Sie müssen somit an den langen Kanten jeweils 21 cm abmessen und dann entsprechend abschneiden.

Es geht aber auch ganz ohne Hilfsmittel. Legen Sie das Blatt hochkant vor sich. Falten Sie es so, dass die untere Kante vollkommen auf der rechten Kante zu liegen kommt. Der Knick verläuft dann durch die rechte untere Ecke.

Der größte Teil der vormals linken Kante liegt jetzt quer über dem Blatt. Übertragen Sie ihren Verlauf auf die darunterliegende Papierlage und schneiden Sie diese entsprechend ab.

Warum kann man mit nur einem Knick aus einem Rechteck ein Quadrat machen? Das liegt an den Symmetrieeigenschaften des Quadrats. Es hat vier Symmetrieachsen. Zwei Symmetrieachsen erhält man, wenn man die Seitenmittelpunkte von gegenüberliegenden Seiten verbindet. Die anderen beiden Symmetrieachsen entsprechen den Diagonalen. Letztere wurden für die Herstellung des Quadrats aus dem Rechteck ausgenutzt.

Beim Rechteck sind die gegenüberliegenden Seiten parallel und gleich lang. Alle Winkel sind 90°-Winkel. Beim Quadrat ist es zusätzlich erforderlich, dass nicht nur gegenüberliegende, sondern alle Seiten gleich lang sind. Das wird durch den Faltvorgang erreicht. Beim Falten an einer Diagonale des Quadrats werden jeweils zwei benachbarte Seiten aufeinandergefaltet. Daher müssen Sie die untere und die rechte Kante des ursprünglichen Rechtecks zur Deckung bringen. Der 90°-Winkel an der rechten unteren Ecke wird dabei halbiert, so wie es für die Diagonalen des Quadrats nötig ist. Die Länge der unteren Seite wird auf die Länge der rechten Seite übertragen. Gleichzeitig wird derjenige Teil der linken Seite des Rechtecks, der für das Quadrat benötigt wird, an die Stelle gefaltet, an der die vierte Seite des Quadrats entstehen soll. Dort wird das Rechteck anschließend entsprechend gekürzt.

Neben der Achsensymmetrie gibt es beim Quadrat auch Drehsymmetrie. Wenn Sie das Quadrat genau in der Mitte fixieren und dann um diesen Punkt drehen, gibt es vier Möglichkeiten, das Quadrat so zu drehen, dass es nachher in derselben Position liegt wie vorher: in einem Winkel von 90°, 180°, 270° oder 360°. Das Quadrat gehört zu den Grundformen mit besonders vielen Symmetrieeigenschaften.

Das Rechteck hat in dieser Hinsicht weitaus weniger zu bieten. Sie können es nur um 180° oder 360° um den Mittelpunkt drehen, wenn Sie wollen, dass es wieder in derselben Position liegt. Auch gibt es nur zwei Symmetrieachsen: jeweils zwischen den Mittelpunkten gegenüberliegender Seiten.

Bisher schien es so, als wäre die einzige Eigenschaft, in der sich das Quadrat und das Rechteck grundlegend unterscheiden, die Länge der größeren Seite des Rechtecks. Doch selbst dieses Maß taucht in beiden Formen auf. Wenn Sie das Quadrat nach dem Abschneiden nicht auffalten, hat es die Form eines gleichschenkligen Dreiecks mit einem rechten Winkel. Die Faltkante ist die eine Diagonale des Quadrats. Halten Sie diese Kante an die lange Seite eines Blattes Schreibpapier. Die Längen entsprechen sich!

Das ist nicht zufällig, sondern in der Festlegung des DIN-Formats für Papier begründet. Die lange Seite des Papiers ist immer etwa 1,41-mal so lang wie die kurze. Genau ausgedrückt ist das Verhältnis $1:\sqrt{2}$.

Die Kantenlänge eines Quadrats steht zur Länge seiner Diagonale in einem immer gleichen Verhältnis. Das ergibt sich aus dem Satz des Pythagoras. Quadriert man die beiden Längen der Seiten am rechten Winkel und addiert die Quadratzahlen, so entspricht die Summe dem Quadrat der dritten Seitenlänge. Die beiden Seiten neben dem rechten Winkel sind im Falle des gefalteten Quadrats gleich lang. Nimmt man diese Länge als Referenz und setzt sie gleich 1, so ergibt sich $1^2 + 1^2 = 2$. Die Diagonale hat dann die Länge $\sqrt{2}$. Das entspricht dem Maß der langen Rechtecksseite im Verhältnis zur kurzen.

## Parallelogramm aus einer Zeitung

ein unregelmäßiges, großes Stück Papier
(zum Beispiel eine ausgefranste Zeitungsseite)

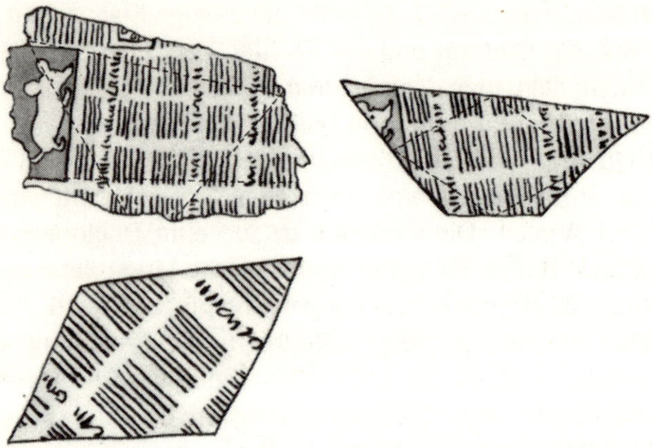

*Mithilfe von vier Knicken wird aus dem unregelmäßigen Stück Papier ein unregelmäßiges Viereck. Durch weitere vier Knicke zwischen den Seitenmittelpunkten entsteht daraus ein Parallelogramm.*

Der Rand des unregelmäßigen Stückes Papier wird nach hinten umgeschlagen. Dabei soll ein beliebiges konvexes Viereck entstehen. (Das heißt, dass es keinen Winkel geben darf, der nach innen gerichtet, also größer als 180° ist.) Besonders eindrücklich wird der Effekt bei möglichst unregelmäßigen Vierecken. Falten Sie dazu ein Stück des Randes auf der kompletten Länge mit einem geraden Falz nach hinten. Machen Sie das an vier Seiten. Wenn noch ein Stück des unregelmäßigen Randes übrig bleibt, werden eine oder mehrere Seiten noch weiter umgeschlagen, bis noch vier gerade Kanten übrig sind.

Als Nächstes werden die Mittelpunkte der Seiten markiert. Legen Sie dazu zwei benachbarte Ecken des unregelmäßigen Vierecks aufeinander und drücken es so flach, dass in der Mitte der Seite ein kleiner Knick entsteht. Diese Markierung muss auf allen vier Seiten angebracht werden.

Anschließend kann die erste Ecke des Vierecks nach hinten umgeknickt werden. Die Faltkante muss gerade sein und die Mittelpunkte der beiden benachbarten Seiten verbinden. Das Gleiche wird mit allen vier Ecken gemacht.

Haben Sie sofort erkannt, dass Sie ein Parallelogramm gefaltet haben? Je nachdem, wie Ihr Ausgangsviereck aussieht, kann es schmaler oder breiter, spitz oder fast rechtwinklig sein. Machen Sie mehrere Varianten: Wie sieht das Parallelogramm je nach der ursprünglichen Form des Vierecks aus?

Obwohl es in diesem Experiment um Vierecke geht, spielt eine Eigenschaft von Dreiecken hier eine besondere Rolle, nämlich der Satz über die Mittellinie: Wenn man die Mittelpunkte von zwei Seiten eines Dreiecks verbindet, so ist diese „Mittellinie" parallel zur dritten Seite des Dreiecks.

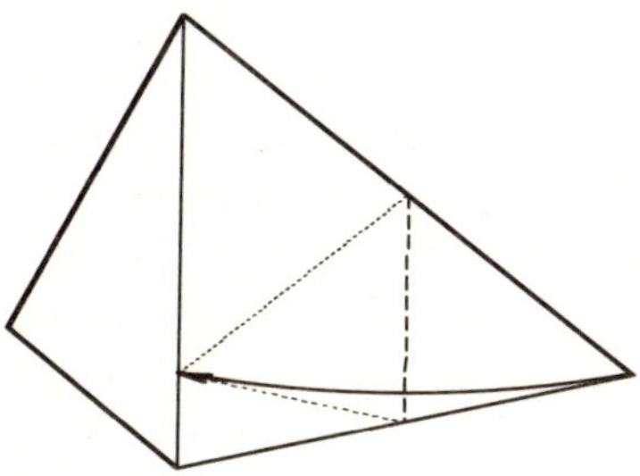

Das unregelmäßige Viereck kann man in zwei Dreiecke aufspalten, indem man eine Diagonale (also eine Linie von einer Ecke zur gegenüberliegenden Ecke) zieht. In beiden Teildreiecken werden die Mittelpunkte der anderen beiden Seiten – also der Seiten des ursprünglichen Vierecks – verbunden. Diese neuen Linien sind nach dem Satz über die Mittellinie parallel zur Diagonale. Und wenn zwei Geraden zu einer dritten Geraden parallel sind, dann sind sie auch untereinander parallel. Daher sind gegenüberliegende Seiten des Vierecks zueinander parallel, und somit handelt es sich um ein Parallelogramm.

## Fünfeckknoten

Ein kleiner Knoten mit großer Bedeutung in Umwelt, Kunst und Architektur.

Ein Streifen Papier, etwa so lang wie ein DIN-A4-Blatt und 3–4 cm breit

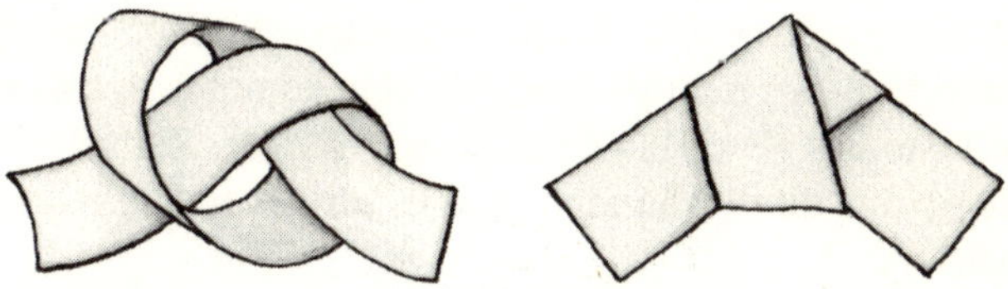

*Ein Papierstreifen wird durch einen Knoten zu einem Fünfeck.*

Können Sie ein Quadrat freihändig zeichnen, sodass es als Quadrat erkennbar ist? Vermutlich ja. Können Sie das auch bei einem gleichseitigen Dreieck? Wahrscheinlich ist auch das möglich. Wenn Sie ein Sechseck „frei Hand" zeichnen sollen, können Sie die Geometrie des Sechsecks ausnutzen, zum Beispiel die Tatsache, dass gegenüberliegende Seiten parallel sind.

Das Fünfeck ist eine viel komplexere Form. Ein Fünfeck zu zeichnen ist wirklich schwierig. Es braucht viele Versuche und viel Übung, bis ein ohne Hilfsmittel gezeichnetes reguläres Fünfeck auch als solches erkennbar ist.

Mit einem Streifen Papier können Sie leicht ein Fünfeck herstellen, sogar ein reguläres, also eines, bei dem alle Seiten gleich lang und alle Winkel gleich groß sind. Sie müssen das Papier nur verknoten. Nehmen Sie dazu den Streifen und führen Sie die Enden so umeinander herum, wie Sie es bei einem normalen Knoten mit einem Seil machen würden. Aber Achtung: Den Knoten nicht einfach festziehen, sondern zunächst schön locker lassen!

Damit das Fünfeck gelingt, müssen Sie beim Festziehen etwas Geduld und Geschick walten lassen: Ziehen Sie langsam und vorsichtig an den Enden des Streifens. Ruckeln Sie das Papier dabei vorsichtig zurecht. Die einzelnen Papierlagen müssen eine Ebene bilden. Zu einem bestimmten Zeitpunkt beim Festziehen drücken Sie den Knoten fest. Der richtige Moment ist gekommen, wenn sich eine Ecke des Fünfecks deutlich abzeichnet. Zum Schluss werden die überstehenden Enden zu einer Seite umgeknickt.

Betrachten Sie das Fünfeck genauer: Wenn es gut geklappt hat, sind alle Seiten gleich lang und alle Winkel gleich groß. Über die Fläche des Fünfecks verlaufen mehrere Kanten, die den ursprünglichen Papierstreifen erkennen lassen. Eine Kante beginnt und endet in zwei der Ecken des Fünfecks. Es handelt sich daher um eine „Diagonale“. Die Diagonale ist parallel zur gegenüberliegenden Seite des Fünfecks, da es die beiden Kanten des Papierstreifens sind. Diese Eigenschaft, die Parallelität von Diagonalen und Seiten des Fünfecks, kann man beim Zeichnen eines Fünfecks als Hilfe verwenden.

Zeichnen Sie die Kante auf dem Fünfeckknoten mit einem breiten Stift nach und ergänzen Sie auch die anderen Diagonalen. Jede Ecke des Fünfecks muss mit allen gegenüberliegenden Ecken verbunden werden. Es entsteht ein wunderschöner fünfzackiger Stern, das „Pentagramm“! In der Mitte dieses Pentagramms erkennt man wieder ein Fünfeck, das „auf dem Kopf“ steht.

Wie viele Diagonalen hat das Fünfeck? Es gibt fünf Ecken, und von jeder Ecke gehen zwei Diagonalen aus:

Zwei mal fünf ergibt zehn. Jede Diagonale wurde aber bisher doppelt gezählt, von jedem der beiden Enden aus. Daher sind es genau halb so viele, also fünf Diagonalen.

Die meisten von Menschen gezeichneten Sterne haben fünf Zacken, zum Beispiel auf Flaggen. Auch in der Natur findet man Fünfsterne, etwa beim Seestern oder, etwas näher liegend, wenn Sie einen Apfel quer durchschneiden.

Im Pentagramm steckt ein wichtiges Längenverhältnis, der Goldene Schnitt. Zwei Längen stehen im Goldenen Schnitt zueinander, wenn die längere etwa 1,618-mal so lang ist wie die kürzere. Anstelle dieser Zahl wird meistens der Buchstabe $\varphi$ (Phi) geschrieben.

Jede Diagonale des Fünfecks wird durch zwei andere Diagonalen in drei Teile eingeteilt. Diese Einteilung entspricht dem goldenen Schnitt: Der längere Abschnitt a beginnt in einer Ecke und endet im zweiten Schnittpunkt. Der kürzere Abschnitt b beginnt in diesem Schnittpunkt und endet in der anderen Ecke.

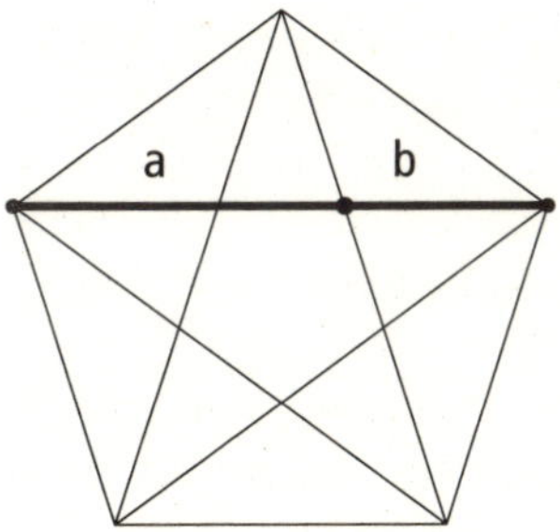


Zwei Strecken stehen im Verhältnis des Goldenen Schnitts, wenn sich die größere zur kleineren verhält wie die Summe aus beiden zur größeren. Das kann man so zusammenfassen:

$$\frac{a}{b} = \frac{a+b}{a}$$

Das Verhältnis 1:1,618 erhält man aus dieser Bedingung. Der genaue Wert für $\varphi$ ist $\frac{1+\sqrt{5}}{2}$.

Der Goldene Schnitt ist ein Längenverhältnis, das als besonders schön und harmonisch wahrgenommen wird. Dieses Verhältnis taucht an vielen Stellen in der Natur auf – zum Beispiel am Menschen. Der Bauchnabel teilt die Körpergröße in zwei Abschnitte: einen größeren von den Füßen bis zum Bauchnabel und einen kleineren vom Bauchnabel bis zum Kopf. Das Verhältnis entspricht bei den meisten Menschen etwa dem Goldenen Schnitt.

Auch in der Architektur ist der Goldene Schnitt zu finden, beispielsweise am Rathaus in Leipzig. Der Turm des Gebäudes wurde nicht in der Mitte der Fassadenfront errichtet, sondern seitlich versetzt, sodass die Fassade ebenfalls im Verhältnis 1:1,618 eingeteilt ist.

## Vom Dreieck zum Sechseck

Das Dreieck und das Sechseck haben viel miteinander gemeinsam. Wenn man das Sechseck aus dem Dreieck herstellt, wird das besonders deutlich.

Papier in Form eines gleichseitigen Dreiecks

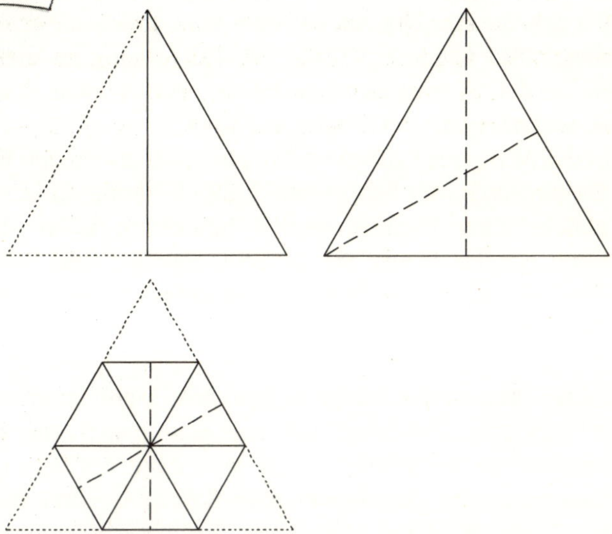

*Durch Falten wird zunächst der Mittelpunkt des Dreiecks markiert, und anschließend werden alle Ecken zur Mitte hin gefaltet.*

Für dieses Experiment benötigen Sie ein Blatt Papier in Form eines gleichseitigen Dreiecks. Sie können das Dreieck zeichnen und ausschneiden oder mithilfe des Experiments „Vom Rechteck zum Dreieck“ (S. 14) herstellen.

Falten Sie das Dreieck entlang einer der Symmetrieachsen, sodass zwei Ecken aufeinanderliegen. Wenn Sie das Dreieck wieder auffalten, sehen Sie, dass der Falz eine ganz besondere Linie ist. Das gleichseitige Dreieck wird in zwei rechtwinklige Dreiecke geteilt. Der Falz verläuft durch eine Ecke und die Mitte der gegenüberliegenden Seite. Der Winkel an der Ecke wird halbiert. Die Linie ist somit Mittelsenkrechte, Seitenhalbierende, Winkelhalbierende und Höhe in einem. Das ist ein Sonderfall, den es nur beim gleichseitigen Dreieck gibt.

Drehen Sie das Dreieck so, dass eine andere Seite unten liegt, und wiederholen Sie den Faltvorgang an dieser Seite: an der Symmetrieachse falten, sodass zwei Ecken aufeinanderliegen, und wieder auffalten.

In der Mitte des Dreiecks schneiden sich die beiden Falze. Dieser Punkt, der Schnittpunkt aller besonderen Linien im gleichseitigen Dreieck, ist die Markierung für die drei weiteren Knicke. Falten Sie nacheinander die drei Ecken des Dreiecks zu diesem Punkt. Das Ergebnis ist ein reguläres Sechseck.

Im ersten Augenblick klingt es komisch: Wenn man eine Ecke wegnimmt, bekommt man eine Ecke mehr! Aber genau das haben wir gemacht: Aus jeder Ecke des Dreiecks wurden durch das Wegklappen zwei Ecken. Aus drei mach sechs. Schaut man sich das fertige Sechseck genauer an, so sieht man, dass es aus sechs gleich großen gleichseitigen Dreiecken besteht.

Die Konstruktion funktioniert, weil sich eine Sorte besonderer Linien im Dreieck, die Seitenhalbierenden, immer im Verhältnis 1:2 schneiden. Wenn Sie sich das Dreieck mit dem Schnittpunkt in der Mitte ansehen, fällt auf, dass dieser sehr weit unten liegt. Ein Drittel der Höhe des Dreiecks liegt zwischen dem Mittelpunkt einer Seite und dem Schnittpunkt, die anderen beiden Drittel zwischen dem

Schnittpunkt und der Ecke. Wenn man die Spitze zum Mittelpunkt hin umknickt, werden die oberen zwei Drittel ihrerseits halbiert.

Ist es wirklich ein reguläres Sechseck? Das können Sie testen, indem Sie – am besten gemeinsam mit anderen – mehrere Sechsecke falten und diese aufeinander- oder aneinanderlegen. Sie können sich das aber auch anhand der Winkel überlegen.

Das gleichseitige Dreieck hat an jeder Ecke einen 60°-Winkel. Beim Umknicken der Ecken landen die Spitzen auf den Seitenhalbierenden. Dadurch sind die kleinen, neu entstandenen Dreiecke symmetrisch und haben ebenfalls an jeder Ecke einen 60°-Winkel. Insgesamt ergeben sich sechs gleichseitige Dreiecke: Zwischen den drei umgeknickten Ecken des Dreiecks bleiben drei weitere gleichseitige Dreiecke sichtbar. Diese haben die gleiche Größe, da die Höhe gedrittelt wurde. Daraus ergibt sich, dass alle Kanten des Sechsecks gleich lang sind.

Durch das Umwandeln des Dreiecks in ein Sechseck haben sich die Symmetrieeigenschaften vermehrt. So wie sich die Anzahl der Ecken verdoppelt hat, ist das auch bei der Anzahl der Möglichkeiten der Drehsymmetrie der Fall. Während man das Dreieck um 120°, 240° und 360° drehen kann, wenn man will, dass die Position nach der Drehung der Position vor der Drehung entspricht, geht es beim Sechseck zusätzlich mit 60°, 180° und 300°. Die Anzahl der Symmetrieachsen hat sich ebenfalls verdoppelt. Gab es vorher drei Symmetrieachsen (die besonderen Linien im Dreieck), so gibt es beim Sechseck sechs: Jeweils die Diagonalen zwischen gegenüberliegenden Ecken und die Verbindungsgeraden zwischen den Mittelpunkten gegenüberliegender Seiten.

Reguläre Sechsecke haben die Eigenschaft, dass man mit ihnen die Ebene lückenlos auslegen kann. Diese Eigenschaft wird zum Beispiel bei den Bodenplatten an vielen neueren Tankstellen genutzt. Sie haben gesehen, dass das Sechseck aus sechs gleichseitigen Dreiecken besteht. An jeder Ecke des Sechsecks treffen zwei Dreiecke zusammen, die jeweils 60°-Winkel haben. Die Ecken des Sechsecks haben also einen Winkel von 120°. Legt man drei Sechsecke zusammen, ergibt das einen Winkel von 360° und damit eine lückenlose „Parkettierung". Wenn Sie mehrere Sechsecke falten und sie farbig gestalten, kann man daraus eine schöne Dekoration herstellen. Sie finden diese Anwendung häufig bei Fliesen oder Pflastersteinen.

Eine der bekanntesten Stellen, an denen die Möglichkeit der lückenlosen Anordnung von Sechsecken eine Rolle spielt, sind Bienenwaben. Die vorhandene Fläche soll möglichst optimal genutzt werden. Zwar sind auch andere Formen, wie zum Beispiel Quadrate, geeignet, um die Ebene lückenlos auszunutzen. Die Bienenwaben dienen nicht nur zur Aufnahme des Honigs, sondern auch zur Aufzucht der Larven. Diese sind von oben gesehen nahezu kreisförmig. Und das Parkett aus regulären Sechsecken erlaubt unter den Parketten aus regelmäßigen Vielecken die größten Kreise innerhalb der Zellen.

## Vom Quadrat zum Achteck

Quadratisches Papier

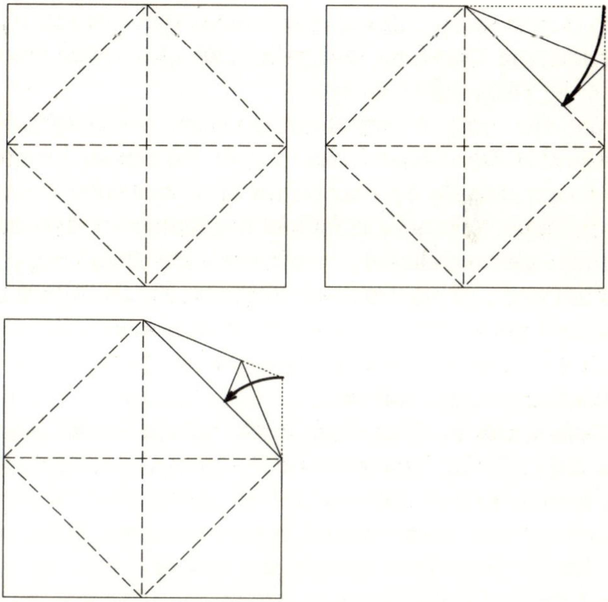

*Durch Falten werden wichtige Linien im Quadrat markiert und mit weiteren Faltungen die Ecken des Blattes zu Seiten des Achtecks geformt.*

Bei diesem Experiment sind die entscheidenden Schritte, durch die das Achteck entsteht, schnell gemacht. Fast ebenso viele Faltungen sind jedoch zur Vorbereitung nötig.

Zunächst wird der Mittelpunkt des Quadrats markiert. Falten Sie dazu das Blatt längs und quer zur Hälfte und anschließend wieder auf. Der Schnittpunkt der beiden Falze ist der Mittelpunkt. Als Nächstes werden alle vier Ecken des Quadrats auf den Mittelpunkt gefaltet. Danach falten Sie das Blatt wieder auf. Die nötigen Hilfslinien sind nach diesen sechs Faltungen komplett: Das Quadrat ist in vier kleinere Quadrate unterteilt, und diese sind jeweils mit einer Diagonale versehen.

Die vier zuletzt entstandenen Falze, die Diagonalen, werden für die nächsten Schritte als Hilfslinien benötigt. Wir betrachten für die nächsten Schritte nur eines der vier Teilquadrate. Falten Sie eine Ecke des Blattes so, dass zwei Bedingungen gleichzeitig erfüllt sind: Die Ecke muss genau auf der nächstgelegenen Hilfslinie (der Diagonale des Teilquadrats) liegen. Und eine der beiden Kanten des Blattes, die von dieser Ecke ausgehen, muss ebenfalls auf der Hilfslinie zu liegen kommen.

Dem quadratischen Blatt „fehlt" durch diesen Schritt eine Ecke. Dafür sind zwei neue Ecken entstanden. Von den beiden Kanten, die von der ursprünglichen Ecke ausgingen, ist nur noch von der einen ein kurzes Stück vorhanden. Mit dem Rest dieser Kante und der einen neu entstandenen Ecke wird genauso verfahren: Beide werden auf die Hilfslinie gefaltet. Zwei Seiten des Achtecks sind damit fertig.

Das Gleiche wiederholen Sie mit den anderen drei Ecken des Quadrats, bis das Achteck komplett ist. Drehen Sie dazu das Blatt jeweils um 90° weiter.

Um das Achteck genauer untersuchen zu können, ist es hilfreich, einige Diagonalen einzuzeichnen. Dazu wird jede

Ecke des Achtecks mit der jeweils übernächsten Ecke reihum durch Linien verbunden.

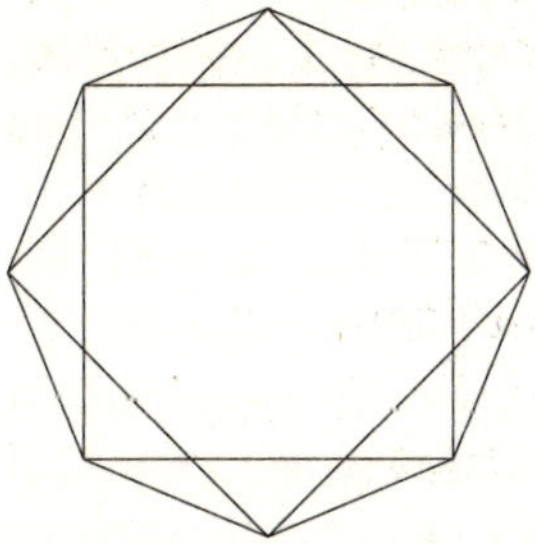

Schon jetzt kann man ein bisschen davon ahnen, was alles in einem Achteck steckt. Man sieht zwei große Quadrate, die um 45° gegeneinander gedreht sind. Das Achteck besteht aus den verbundenen Spitzen dieser Quadrate. Ohne diese Verbindungslinien bilden die beiden Quadrate einen achtzackigen Stern.

Verbinden Sie jede Ecke des Achtecks mit jeder anderen Ecke durch eine Linie. Es ergibt sich ein schönes, auf den ersten Blick etwas kompliziertes Muster. Schauen Sie es sich einen Augenblick an. Sie werden feststellen, dass Sie die darin enthaltenen Formen schon kennen: Das Achteck und der achtzackige Stern tauchen in der Mitte nochmals auf. Malen Sie die Formen mit unterschiedlichen Farben aus, um alle Bestandteile des Musters zu entdecken. Finden Sie auch einen achtzackigen Stern mit spitzen Zacken?

Haben wir ein reguläres Achteck gefaltet – also eines, bei dem alle Seiten gleich lang und alle Winkel gleich groß sind? Das kann man entweder mithilfe eines Geodreiecks überprüfen oder durch genaue Betrachtung der Faltungen.

Wir betrachten zunächst die Winkel. Durch das Falten der Ecken des ursprünglichen Quadrats zur Mitte ist an jeder Ecke des Blattes ein Dreieck entstanden. Es hat einen rechten Winkel und zwei gleich lange Seiten. Die anderen beiden Winkel sind daher 45°-Winkel. Mit den weiteren Faltungen wurden diese Winkel halbiert: Übrig bleiben Winkel mit dem Maß 22,5°.

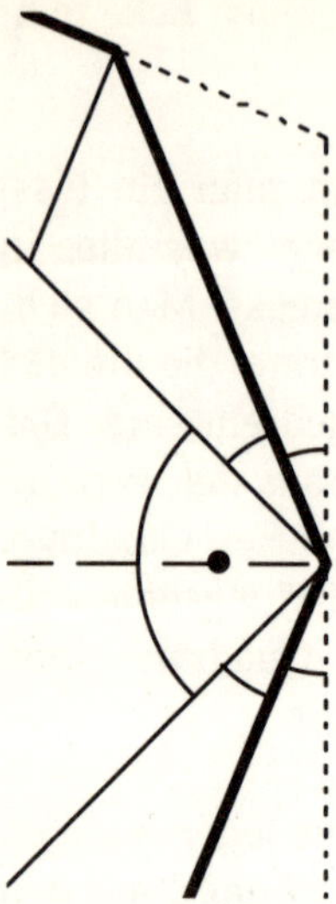

Rechnet man alle Winkel an einer Ecke des Achtecks zusammen, so kommt man auf 22,5° + 90° + 22,5° = 135°. Und das ist an jeder Ecke der Fall.

Jetzt müssen wir noch überprüfen, ob alle Seiten gleich lang sind. Das Dreieck an der Ecke des Blattes hat zunächst zwei gleich lange Kanten. Da beide 45°-Winkel halbiert wurden, ist das neue Dreieck wieder symmetrisch und somit ebenfalls gleichschenklig. Somit können wir sicher sein, dass es ein reguläres Dreieck ist.

Übrigens: Die acht Ecken zusammen haben eine Winkelsumme von 8 · 135° = 1080°. Mit dem Winkelsummensatz kann man zu einem Vieleck mit beliebiger Anzahl von Ecken die Winkelsumme ausrechnen: Die Summe der Winkel im Vieleck ist die Eckenzahl minus zwei und anschließend mal 180°. Kommen Sie hierbei beim Achteck auch auf 1080°?

> Das Achteck sehen wir täglich im Straßenverkehr: Stoppschilder haben diese Form. In vielen Kirchen findet sich ebenfalls das Achteck bei Schlusssteinen in Gewölben. Auch viele Regenschirme bilden, von oben betrachtet, ein Achteck.

# 2.

## Kurven

## Parabeln falten

Eine der bekanntesten mathematischen Kurven ist die Parabel. Manche können sich ihre Form vor ihrem geistigen Auge vorstellen, andere müssen sie beispielsweise mithilfe einer Schablone zeichnen. Man kann die Parabel aber auch durch Falten herstellen.

DIN-A4-Papier

*Durch zweimaliges Falten wird zunächst der Brennpunkt einer Parabel festgelegt. Dann wird durch wiederholtes Falten der Kante des Blattes auf den Brennpunkt ihr Verlauf angedeutet.*

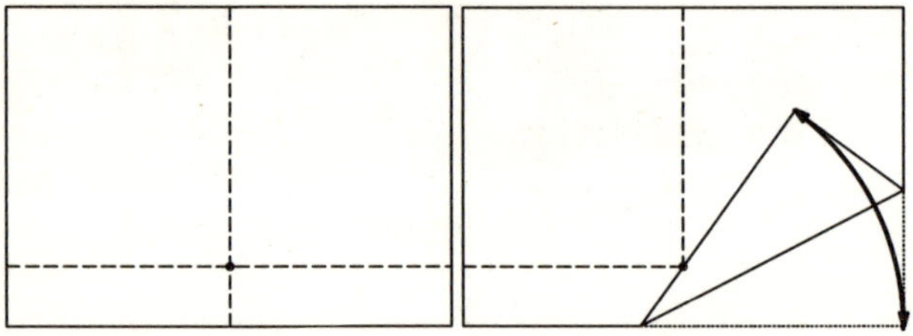

Zunächst wird das Blatt so gefaltet, dass die beiden kurzen Seiten aufeinanderliegen. Anschließend wird das Blatt wieder aufgefaltet und an einer der langen Seiten ein Rand von etwa 4 cm Breite umgeknickt. Dieser wird ebenfalls wieder aufgefaltet. Auf diese Weise ist eine Art Koordinatensystem entstanden. Den Schnittpunkt der beiden Achsen kann man zur Verdeutlichung eigens markieren.

Legen Sie das Blatt so vor sich, dass die lange Seite, an welcher der schmale Streifen gefaltet wurde, unten liegt. Die Parabel entsteht aus den nächsten Faltungen: Der untere Rand wird so umgeknickt, dass er auf dem Koordinatenschnittpunkt zu liegen kommt. Dann wird das Blatt wieder aufgefaltet und erneut geknickt, und zwar so, dass eine andere Stelle des unteren Randes auf dem Schnittpunkt liegt. Diesen Vorgang muss man so oft wiederholen, bis man die Parabel erkennen kann. 20 Knicke sollten es mindestens sein.

Nach und nach wird der linke, rechte und untere Rand des Blattes sozusagen mit Knicken übersät – nur der mittlere obere Bereich wird verschont. Zeichnen Sie den Rand der noch ebenen Fläche mit einem Stift nach: Spätestens jetzt werden Sie die Form einer Parabel erkennen.

Können wir uns sicher sein, dass es sich um eine Parabel handelt? Die Antwort bereits vorweg: Ja! Ein Mathematiker würde eine Parabel entweder mit einer Gleichung beschreiben oder durch Angabe des Abstandes zwischen einem besonderen Punkt (dem Brennpunkt) und einer besonderen Geraden (der Leitlinie). In unserem Experiment ist die Leitlinie die untere Kante des Blattes. Der Brennpunkt ist der markierte Schnittpunkt der ersten beiden Faltungen. Den Abstand zwischen beiden haben Sie – mit dem zweiten Knick – selbst bestimmt.

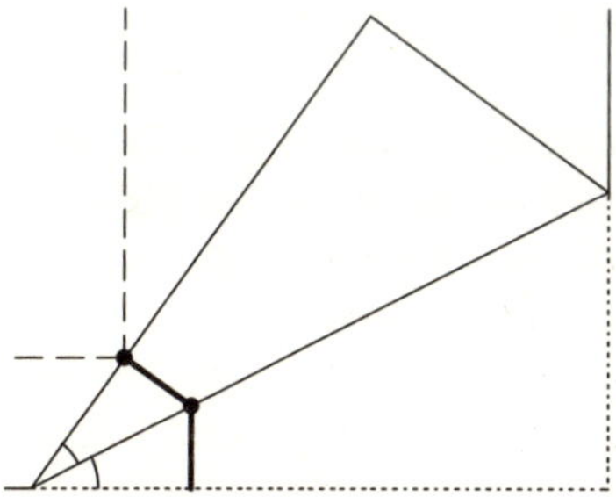

Die Parabel steht in einer besonderen Beziehung zu Brennpunkt und Leitlinie: Jeder Punkt auf der Parabel ist vom Brennpunkt genauso weit entfernt wie von der Leitlinie. Bei jedem Knick entsteht ein weiterer Punkt mit dieser Eigenschaft. Auf der Zeichnung wird es deutlich. Der untere Rand des Blattes ist zweimal zu sehen: vor und nach dem Knicken. Der Winkel zwischen den beiden Linien wird durch die Knickgerade genau halbiert. Der markierte Punkt auf der Knickgeraden hat denselben Abstand von der unteren Kante vor dem Knicken (also von der Leitlinie) und von dem Brennpunkt, durch den die untere Kante nach dem Knicken verläuft. Der Punkt der Parabel ist auf dem im Experiment gefalteten Blatt zwar nicht zu erkennen, aber der Knick ist eine Tangente an die Parabel durch diesen Punkt, also eine Gerade, die die Parabel in genau diesem Punkt berührt. Je öfter man faltet, desto mehr Tangenten entstehen und desto besser wird die Form der Parabel ersichtlich.

Sie können noch mehr über die so hergestellten Parabeln herausfinden: Was passiert, wenn man das Koordinatensystem verändert? Knicken Sie bei einem neuen Blatt den unteren Rand mehr oder weniger breit um. Der Schnittpunkt der Achsen rückt dadurch höher oder tiefer. Wie sieht die Parabel in diesem Fall aus?

Wirft man einen Gegenstand, so beschreibt seine Flugbahn eine Parabel. Je nachdem, ob eher waagrecht oder senkrecht geworfen wird, und je nach Wurfgeschwindigkeit ist die Parabel weiter geöffnet oder eher geschlossen. Das entspricht den verschiedenen Parabelformen im Experiment, je nach Abstand des Brennpunktes vom Rand.

Der Brennpunkt spielt eine entscheidende Rolle bei Satellitenantennen. An dieser Stelle ist der Empfänger angebracht. Schneidet man die „Schüssel“ durch, so zeigt sich ebenfalls die Form der Parabel.

## Ellipsen falten

Ellipsen können auf viele Arten gezeichnet werden. Bei diesem Experiment brauchen wir fast keine Hilfsmittel.

*Überblick*

DIN-A4-Papier
Zirkel oder kleiner Teller

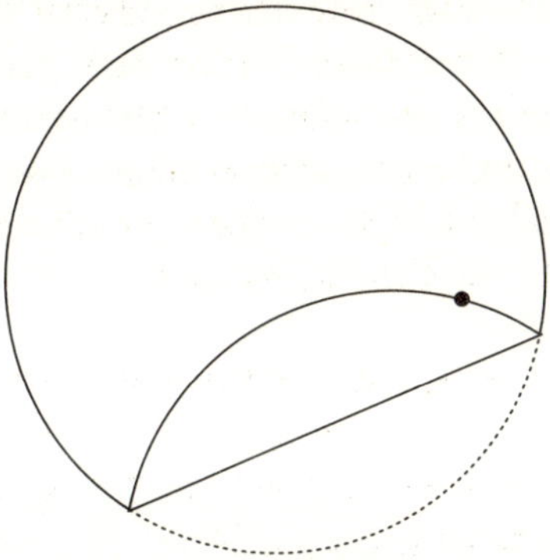

*Auf einem kreisförmigen Blatt Papier wird ein Punkt markiert (am besten in Nähe des Randes). Der Rand des Kreises wird mehrfach an verschiedenen Stellen auf diesen Punkt gefaltet und wieder aufgeklappt.*

Bevor gefaltet werden kann, muss das Blatt entsprechend vorbereitet werden. Zeichnen Sie mit dem Zirkel oder einem kleinen Teller einen möglichst großen Kreis auf das Blatt Papier und schneiden Sie diesen aus. Anschließend wird auf dem Kreis ein Punkt markiert. Dieser sollte wenige Zentimeter vom Rand des Kreises entfernt liegen.

Nun kommt der entscheidende Schritt: Falten Sie den Kreis so, dass der Rand des Kreises auf dem markierten Punkt liegt. Dann falten Sie das Blatt wieder auf und knicken eine andere Stelle des Randes auf den Punkt. Falten Sie wieder auf und machen Sie so lange weiter, bis der Rand des Blattes mit Knicken übersät ist. Die ungeknickte Fläche in der Mitte hat die Form einer Ellipse. Zeichnen Sie den Rand der verbliebenen ebenen Fläche mit einem Stift nach.

Der zu Beginn markierte Punkt liegt innerhalb der Ellipse und bildet einen Brennpunkt. Den zweiten Brennpunkt kann man ebenfalls einzeichnen: Es ist der Mittelpunkt des Kreises. Falten Sie dazu das Blatt einmal längs und einmal quer zu einem Halbkreis und wieder auf. Der Schnittpunkt dieser beiden Faltlinien ist der zweite Brennpunkt.

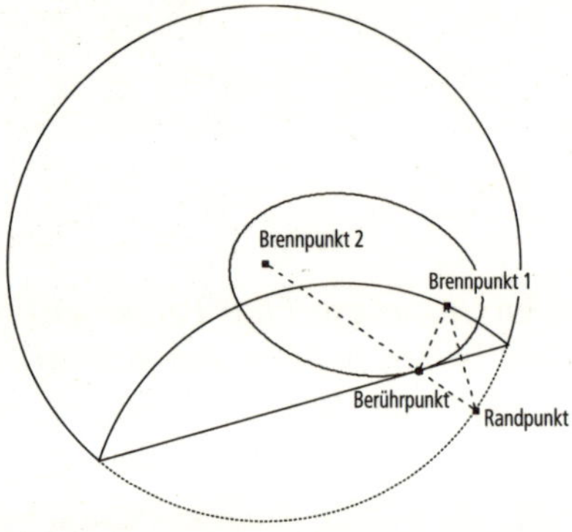


Warum bleibt in der Mitte eine Ellipse übrig? Alle Knicke des Experiments haben eine gemeinsame Eigenschaft: Es sind Tangenten der Ellipse. Das heißt, dass jeder Knick die Ellipse in genau einem Punkt berührt. Tangenten verlaufen niemals durch das Innere, daher bleibt die Fläche der Ellipse ungefaltet.

Auf der Ellipse liegen die Berührpunkte aller Tangenten. Die Ellipse grenzt den Bereich ab, der von den Tangenten getroffen wird. Sie wird daher „Einhüllende“ der Tangenten genannt, auch wenn es scheint, als würden die Tangenten die Ellipse einhüllen.

In diesem Experiment werden die Eigenschaften der Ellipse ausgenutzt: Jeder Strahl, der von einem der Brennpunkte ausgeht, wird von der Ellipse in den anderen Brennpunkt reflektiert. Und alle diese Wege sind gleich lang!

Es lohnt sich, dieses Experiment noch genauer zu betrachten: Wie verändert sich die Ellipse, wenn man den ersten Brennpunkt näher am Rand des Kreises wählt? Was passiert, wenn der Punkt genau in die Mitte gesetzt wird? Was hat der Durchmesser des Kreises mit der Größe der Ellipse zu tun?

## Gärtnerkonstruktion der Ellipse

In diesem Experiment steckt eine einfache, aber geniale Methode zum Zeichnen von Ellipsen mithilfe eines Seiles.

Papier
Pinnwand oder dicke Pappe mit zwei Pins
ein Stück Bindfaden

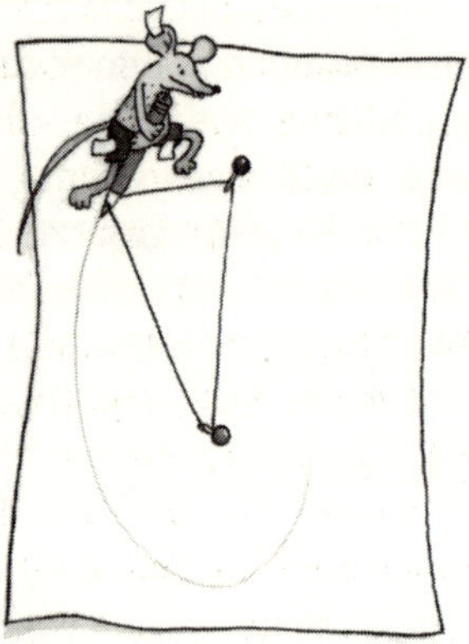

*Um zwei feste Punkte wird eine Seilschlaufe gelegt und mit einem Stift durchlaufen.*

Zunächst wird ein Blatt Papier mit zwei Pins auf der Pinnwand oder einer dicken Pappe befestigt. Die Pins sollten etwa auf der mittleren Höhe des Blattes sein und einige Zentimeter Abstand voneinander haben. Mit der Schnur wird eine Schlaufe gebildet. Der Umfang der Schlaufe muss ein wenig länger sein als der Abstand der zwei Pins. Nun wird ein Stift in die Schlaufe gehalten, sodass diese gespannt wird. Dann wird mit dem Stift ein möglichst großer Bogen um die Pins gezeichnet. Die Ellipse entsteht mit dieser Konstruktion ganz automatisch!

Es lohnt sich bei diesem Experiment, noch weitere

Möglichkeiten auszuprobieren: Wie verändert sich die Ellipse, wenn man den Abstand der Pins oder die Größe der Schlaufe verändert? Was passiert, wenn man die Pins ganz nahe beieinander positioniert?

Das Experiment klappt, da die Konstruktion die wichtigste Eigenschaft einer Ellipse erfüllt: Bei jedem Punkt auf der Ellipse ist die Summe aus dem Abstand zum einen „Brennpunkt" und dem Abstand zum zweiten „Brennpunkt" gleich. Im Experiment sind die Pins die Brennpunkte. Da die Länge der Schlaufe fest ist und sich auch die Pins nicht bewegen, ist der Abstand des Zeichenstifts von den Pins immer gleich – zwar nicht von jedem einzelnen, aber die Summe der beiden Abstände, und darauf kommt es an. Das sieht man noch besser, wenn man statt einer Schlaufe ein kurzes Stück Schnur verwendet und die Enden an den Pins anbindet.

Ist die Schlaufe im Verhältnis zum Abstand der Pins klein, so wird die Ellipse schmaler. Man sagt dann, sie habe eine große „Exzentrizität". Im Extremfall ist die Schlaufe genau doppelt so lang wie der Abstand der Pins, und die Ellipse schrumpft zu einer Strecke. Das andere Extrem erhält man, wenn man die Pins ganz dicht aneinander anordnet oder sogar nur einen Pin verwendet: Die Ellipse wird zum Kreis!

Diese Konstruktion funktioniert im Kleinen wie im Großen. Sie hat ihren Namen vom Beruf des Gärtners und wird noch heute zur Anlage von elliptischen Blumenbeeten verwendet.

> Der Physiker Johannes Kepler (1571–1630) hat entdeckt, dass sich die Planeten in unserem Sonnensystem auf elliptischen Bahnen bewegen. Je nach Planet sind die Bahnen mehr oder weniger exzentrisch, also die Ellipsen stärker oder weniger stark gestreckt. In einem der Brennpunkte befindet sich die Sonne.

## Sinusschablone

Eine freihändig gezeichnete Sinuskurve hat oftmals nicht viel mit der dahinterstehenden mathematischen Abbildung zu tun. In diesem Experiment kann man aus einer Toilettenpapierrolle eine (fast) perfekte Schablone herstellen.

Papier
leere Toilettenpapierrolle
Cutter oder scharfes Messer

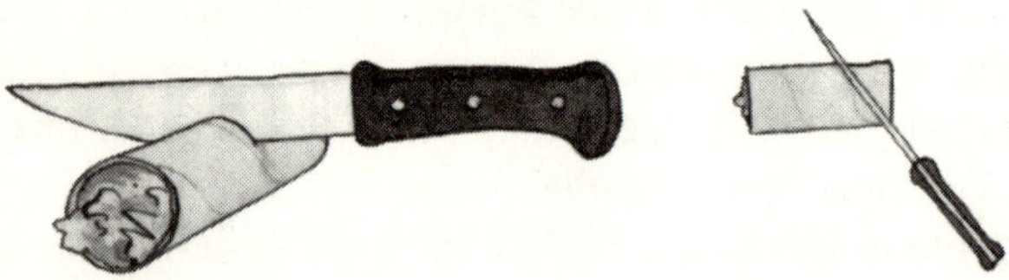

*Eine Toilettenpapierrolle wird in einem Winkel von 45° durchgeschnitten und kann anschließend als Ellipsen- und Sinusschablone verwendet werden.*

Nehmen Sie ein scharfes Messer und schneiden Sie die Toilettenpapierrolle schräg durch. Ein Winkel von etwa 45° garantiert ein gutes Ergebnis. Es ist hilfreich, wenn Sie der Rolle zunächst etwas mehr Stabilität verleihen. Nehmen Sie dazu etwas Papier, zerknüllen Sie es und drücken Sie es in eine Hälfte der Toilettenpapierrolle, bis diese sich nicht mehr zusammendrücken lässt. Den Schnitt können Sie dann in der anderen Hälfte machen.

Entlang der Schnittfläche bildet sich eine Kurve. Drücken Sie die Toilettenpapierrolle mit der Schnittfläche nach unten auf ein Blatt Papier und umfahren Sie die Rolle mit einem Stift. Die so entstandene Kurve ist eine Ellipse!

Beim „Abrollen" der Toilettenpapierrolle passiert etwas Spannendes: Die Ellipse wird zur Sinuskurve. Schneiden Sie die Toilettenpapierrolle längs auf. Breiten Sie die Rolle vorsichtig flach aus und drücken Sie sie, bis sie eben ist.

Fahren Sie mit einem Finger dem Schwung der Kurve nach und zeichnen Sie sie dann mit einem Stift nach. Sie erhalten eine Sinuskurve. Je nachdem, wo die Rolle durchgeschnitten wurde, beginnt die Schablone in einem Hoch- oder Tiefpunkt der Kurve oder an einer Stelle dazwischen. Wenn Sie die ausgebreitete Toilettenpapierrolle als Schablone benutzen und diese immer wieder neu anlegen, erhalten Sie eine beliebig lange geschwungene Kurve.

Die Sinuskurve ist eine periodische Kurve, also eine, die sich in regelmäßigen Abständen wiederholt. Die Schablone hat genau die Länge einer „Periode". Daher können Sie direkt hinter dem ersten Stück neu ansetzen, ohne dass die Kurve einen Knick bekommt. Mit einer kleinen Schablone können Sie so eine unendlich lange Kurve zeichnen.

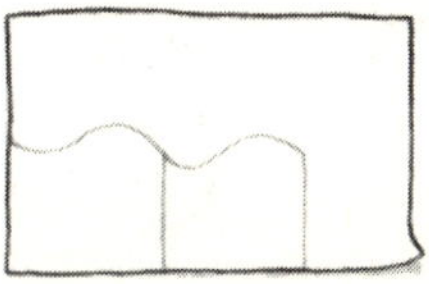

Die Sinus- und die Kosinusfunktion sehen gleich aus. Sie unterscheiden sich jedoch in ihrem Startpunkt. Wie startet Ihre Kurve? Geht es zunächst hoch oder runter? Das hängt davon ab, wie Sie die Rolle aufgeschnitten haben. Wenn die Kurve zunächst ansteigt, ist es der Sinus. Ist der Startpunkt waagrecht und startet die Kurve an ihrem höchsten Punkt, handelt es sich um den Kosinus.

Probieren Sie auch andere Varianten: Wie verändert sich die Kurve, wenn man einen Winkel wählt, der größer oder kleiner als 45° ist?

## Gleichdicks

Das Rad ist eine der wichtigsten Erfindungen der Menschheit. Aber muss ein Rad immer rund sein? In diesem Experiment wird ein „Fahrzeug“ mit eckigen Rädern konstruiert.

zwei Papprollen von Toilettenpapier
Papier und dicke Pappe
Zirkel und Schere oder Cutter
Flüssigkleber
Schreibblock oder leichtes Buch

*Aus drei gleich großen Kreisen entstehen dreieckige Räder. Daraus wird ein ruckelfrei fahrendes Gefährt.*

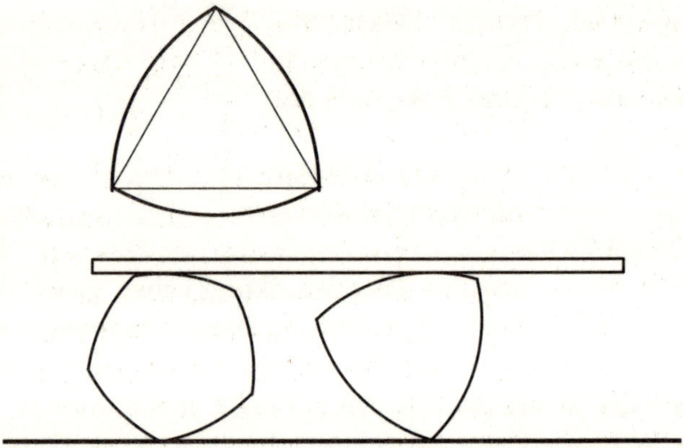

Zunächst benötigen Sie eine Schablone für die Räder. Die Grundlage dafür ist ein gleichseitiges Dreieck. Die Seiten sollten ca. 6 cm lang sein. Sie können das Dreieck konstruieren, indem Sie eine Strecke der gewünschten Länge zeichnen und an jedem Ende einen Winkel von 60° abtragen oder indem Sie Kreise um die beiden Enden der Strecke mit der Länge der Strecke als Radius zeichnen.

Das Dreieck wird anschließend „abgerundet". Stellen Sie den Zirkel auf die Kantenlänge des Dreiecks ein. Stechen Sie in eine Ecke ein und zeichnen Sie einen Bogen zwischen den beiden anderen Ecken. Machen Sie das auf allen Seiten. Die drei Kreisbögen bilden die Form des Rades.

Schneiden Sie die Schablone aus und stellen Sie mit dieser Form vier Räder aus dicker Pappe her. An den Papprollen wird an jedem Ende ein Rad mit dem Flüssigkleber befestigt. Die Räder dürfen nicht gegeneinander verdreht sein: Die Spitzen müssen in dieselbe Richtung zeigen, damit das Experiment gut funktioniert, ohne zu ruckeln.

Wenn der Kleber getrocknet ist, kann der Probelauf beginnen: Legen Sie die beiden Rollen nebeneinander und das Buch oder den Schreibblock darauf, sodass ein Fahrzeug mit vier Rädern entsteht. Das Ganze kann man hin- und herbewegen, ohne dass es ruckelt! Das Buch bleibt dabei immer auf der gleichen Höhe.

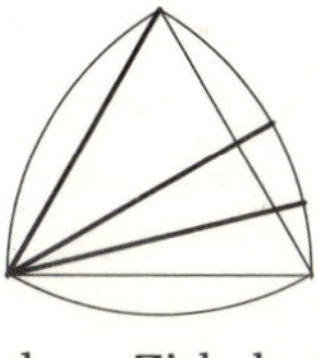

Es ist schon erstaunlich, dass ein eckiges Rad funktioniert. Doch wenn man sich die Konstruktion betrachtet, wird es klar: Die abgerundeten Seiten entstehen, indem man in eine Ecke des Dreiecks einsticht und mit dem Zirkel einen Kreisbogen durch die beiden anderen Ecken macht. Dadurch ist der Abstand dieser Ecke zu jedem Punkt auf dem Bogen immer gleich. Das gilt auch für die anderen Ecken. Daher haben der oberste und der unterste Punkt immer den gleichen Abstand, egal, in welcher Position das Rad steht. Das heißt, dass der Durchmesser immer gleich ist.

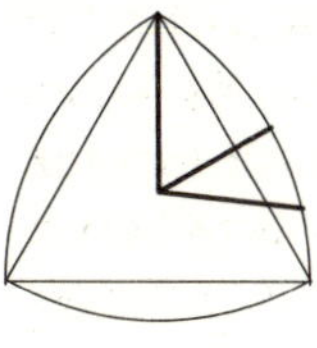

Der „Radius" ist jedoch unterschiedlich. Der Mittelpunkt des Dreiecks ist von den Ecken weiter entfernt als von den Mittelpunkten der Seiten. Daher verwendet man solche Räder nicht bei Fahrrädern, Autos oder Ähnlichem. Die Räder an den Fahrzeugen sind immer an der Achse, also am Mittelpunkt des Kreises aufgehängt. Rollen Sie mit der flachen Hand über die Toilettenpapierachse: Sie bewegt sich auf und ab!

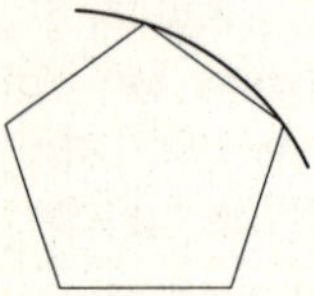

Man kann auch Gleichdicks mit mehr als drei Ecken produzieren. Es sind alle ungeraden Zahlen möglich. Man geht von einem regulären n-Eck aus. „Regulär“ bedeutet, dass alle Seiten gleich lang und alle Winkel gleich groß sind. Dann sticht man mit dem Zirkel in eine Ecke ein und zeichnet einen Bogen durch die beiden gegenüberliegenden Ecken. Je mehr Ecken das Rad hat, desto mehr ähnelt es einem Kreis.

Wie müssen Räder mit drei und mit fünf Ecken konstruiert sein, die man gleichzeitig in einem Fahrzeug verwenden kann? In welchem Verhältnis muss dann die Kantenlänge des Fünfecks zu der des Dreiecks stehen? Ein Hinweis dazu auf Seite 23 (Fünfeckknoten).

Gibt es solche eckigen Räder auch an „echten“ Fahrzeugen? Ja! Allerdings in einer ganz anderen Funktion. Beim Wankelmotor dreht sich ein dreieckiges Gleichdick in einer besonderen Form, der Epitrochoide. Dadurch entstehen drei Kammern, in denen der zentrale Vorgang stattfindet, also der Treibstoff eingespritzt, verdichtet, gezündet und ausgelassen wird. Felix Wankel (1902–1988) hat diesen Motor entwickelt, der nur in wenigen Fahrzeugen eingesetzt wurde, zum Beispiel in der legendären Ro-80-Limousine von NSU.

Stühler, Andrea: Gleichdicks – Kurven konstanter Dicke. In: mathematik lehren 98 (2000), S. 49–51.

# 3.

## Es passt!

## Das T

Welche Eigenschaften machen ein spannendes Knobelspiel aus? Es sieht auf den ersten Blick ganz einfach aus, aber zum Lösen braucht man den entscheidenden Kniff. Dieser darf nicht zu leicht zu finden sein, doch nach seiner Entdeckung muss man sagen: „Da hätte ich auch selbst drauf kommen können!“ All das vereint „das T“.

Papier
Schere

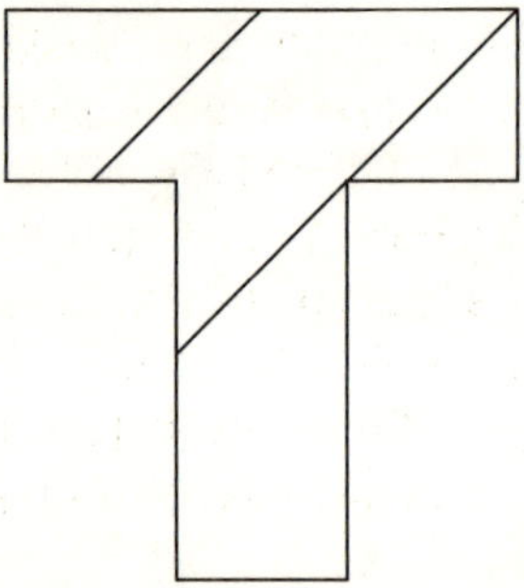

*Der Buchstabe „T“ wird durch zwei Schnitte in vier Teile zerlegt und soll anschließend erneut zusammengesetzt werden.*

Zunächst wird der Umriss des großen Buchstabens „T“ aufgezeichnet. Die beiden Balken sollten nicht zu schmal gezeichnet werden und die gleiche Breite haben. Alle Linien müssen ganz fein gezeichnet werden, damit sie nach dem Zerschneiden nicht mehr zu sehen oder leicht auszuradieren sind.

Schneiden Sie das T aus und legen Sie alle Papierabfälle beiseite. Anschließend wird das T entlang zweier Geraden zerschnitten. Die eine Gerade läuft durch eine einspringende Ecke, die zweite ist parallel zur ersten. Das Puzzle wird besonders gemein, wenn der Abstand der beiden Schnittlinien der Breite der Balken des T entspricht.

Mischen Sie die vier Teile, drehen Sie einige um und versuchen Sie, das T wieder zusammenzulegen!

Ist es Ihnen aufgefallen? Schon in der Anleitung zu diesem Experiment haben wir mehrere mathematische Begriffe verwendet: Gerade, parallel, diagonal … Diese Begriffe sind ganz alltäglich, und man nimmt sie kaum als mathematische Begriffe wahr.

Woran liegt es, dass dieses Knobelspiel so knifflig ist, obwohl es doch so einfach erscheint? Unser Ordnungssinn führt dazu, dass wir bei dem schräg liegenden mittleren Teil den einspringenden rechten Winkel zum Verschwinden bringen wollen. Das ist vor allem der Fall, wenn der Abstand der Geraden der Breite der Balken des T entspricht. Es sieht aus wie ein Stück der Balken des T, obwohl die beiden parallelen Kanten nicht zum Rand des Buchstabens gehören.

Die Anordnung der Einzelteile des Puzzles ist nicht symmetrisch, obwohl das T im Ganzen symmetrisch ist. Das verträgt sich ebenfalls nicht mit unserem Sinn für Ordnung und Symmetrie.

Zudem sorgt das Auflösen der einen einspringenden Ecke für Verwirrung. Daher funktioniert dieser Trick vor allem bei nicht konvexen Buchstaben, solchen also, bei denen es Innenwinkel gibt, die größer als 180° sind. Im Fall des T lassen sich an den Teilen des Knobelspiels recht einfach viele Ecken mit gleichen Winkeln herstellen. Wenn man die schrägen Schnittlinien genau im Winkel von 45° legt, passt jedes Teil mit jedem anderen zusammen!

Was mit einem T geht, müsste doch auch mit anderen Buchstaben zu machen sein. Entwerfen Sie Ihr eigenes Knobelspiel mit einem anderen Buchstaben des Alphabets. Damit es ein Erfolg wird, hier noch einige Überlegungen:

- Es eignen sich besonders diejenigen Buchstaben, die keine Rundungen, sondern nur gerade Kanten aufweisen: A, E, F, H … Suchen Sie sich einen Buchstaben aus!

- Zeichnen Sie zunächst Ihren Buchstaben auf. Achten Sie auf die Breite der Balken und die Symmetrie des Buchstabens.

- Es ist keine Kunst, ein schwieriges Puzzle mit vielen Teilen zu machen. Attraktiv ist ein Puzzle mit wenigen Teilen. Mehr als vier oder fünf sollten es nicht sein.

- Achten Sie beim Zerschneiden auf die entstehenden Winkel. Vielleicht können Sie auch den Trick des T anwenden und eine Ecke „auflösen", sodass Teile entstehen, die kaum an den Buchstaben erinnern.

- Und zum Schluss noch ein Tipp: Zeichnen Sie sich die Zerlegung Ihres Buchstabens auf; sonst werden Sie selbst Probleme haben, ihn wieder zusammenzusetzen.

## Formenpuzzle

Dass man Quadrate aneinanderlegen kann, um ein großes Stück Fläche zu überdecken, weiß jeder. Aber das geht auch mit Figuren, denen man das auf den ersten Blick nicht ansieht.

Papier
Schere
Klebefilm
Karton

*Aus einem Rechteck wird mithilfe der Operation „ausschneiden und an der anderen Seite ansetzen" ein Puzzleteil, mit dem man die Ebene parkettieren kann.*

Zeichnen Sie ein Rechteck. Nun schneiden Sie zum Beispiel auf der linken Seite ein Stück aus. Das kann eine Ecke sein, eine Rundung, die nach innen führt, einige Spitzen, die ins Innere zeigen, oder irgendetwas anders. Anschließend kleben Sie das ausgeschnittene Stück auf der rechten Seite genau in der Höhe, in der Sie es ausgeschnitten haben, wieder an. Das ausgeschnittene Stück wird auf diese

Weise nach rechts verschoben. Es darf dabei nicht gedreht oder in seiner Höhe verändert werden.

Das ursprüngliche Rechteck sieht nun anders aus. Aber auch mit Teilen dieser Gestalt kann man die Ebene lückenlos überdecken. Denn oben und unten passt es sowieso, und rechts und links wegen der Konstruktion auch.

Nun können Sie oben ein Stück ausschneiden und unten an genau der entsprechenden Stelle ankleben. Auch mit diesem Puzzleteil als Prototyp kann man die ganze Ebene überdecken.

Wenn Sie das noch ein paar Mal machen, erhalten Sie ein Puzzleteil, das überhaupt nicht so aussieht, als ob man damit die Ebene lückenlos überdecken könnte.

Dieses Experiment erfordert Kreativität und ein bisschen Geduld. Probieren Sie es zuerst auf Schmierpapier. Sie brauchen zunächst nicht zu schneiden und zu kleben, sondern es reicht, die Stücke anzuzeichnen. Machen Sie das so lange, bis Sie ein Teil erhalten, das „nach etwas aussieht". Vielleicht erkennen Sie ein Tier, ein Fahrzeug, ein Haus oder etwas Ähnliches. Wenn Sie meinen, dass Ihre Figur auch nach vielen Versuchen „nach nichts" aussieht, zeichnen Sie zwei Augen und einen Mund auf die Fläche. Dann sieht es aus wie ein lustiges Gesicht.

Anschließend stellen Sie eine Schablone aus Pappe her. Mit ihr können Sie dann einige Puzzleteile aus farbigem Papier herstellen und aneinanderlegen. In jedem Fall ergibt sich ein schönes Muster. Sie können die einzelnen Teile auch unterschiedlich bemalen. Wenn Sie das in einer Gruppe machen und jeder sein eigenes Puzzleteil herstellt, wird das Muster besonders interessant.

Sie können als Grundform auch andere Figuren verwenden. Besonders gut eignen sich Vierecke wie ein Quadrat, ein Rechteck, ein Parallelogramm oder eine Raute. Aber auch ein reguläres Sechseck ist möglich. Achten Sie darauf, dass Sie die ausgeschnittenen Stücke immer an der richtigen Stelle wieder ansetzen. Wenn Sie beispielsweise ein Stück genau in der Mitte einer Seite ausschneiden, muss es auch in der Mitte der gegenüberliegenden Seite wieder angesetzt werden.

In der Mathematik nennt man eine lückenlose und überschneidungsfreie Überdeckung der Ebene ein Parkett. Ein hölzerner Parkettfußboden besteht meistens aus Rechtecken. Sie kennen aber auch Parkette aus Dreiecken, Parallelogrammen und Sechsecken, zum Beispiel bei Bienenwaben, Tapeten und Stoffmustern.

Parkette mit besonderen Formen wie in diesem Experiment kann man zum Beispiel bei Straßenpflaster entdecken. Pflastersteine gibt es in unzähligen Varianten: H-förmig, wellenförmig …

Franke, Marianne: Didaktik der Geometrie. Heidelberg u. Berlin: Spektrum 2000.

## Pentomino-Kalender

„Tetris“ ist ein Klassiker unter den Computerspielen. Die „Spielfiguren“ bestehen jeweils aus vier Quadraten. Setzt man jeweils fünf Quadrate zusammen, erhält man ein anderes Spiel: den Pentomino-Kalender.

Kariertes Papier
Schere
evtl. Moosgummi

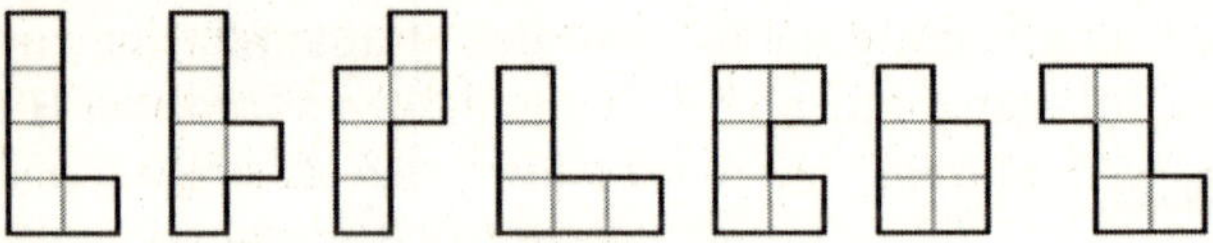

| | | | | | | |
|---|---|---|---|---|---|---|
| 1 | 2 | 3 | 4 | 5 | 6 | 7 |
| 8 | 9 | 10 | 11 | 12 | 13 | 14 |
| 15 | 16 | 17 | 18 | 19 | 20 | 21 |
| 22 | 23 | 24 | 25 | 26 | 27 | 28 |
| 29 | 30 | 31 | | | | |

*Mit sieben verschiedenen „Pentominos“ kann die Fläche eines „Kalenders“ so ausgelegt werden, dass nur das aktuelle Tagesdatum sichtbar bleibt.*

Zunächst benötigen Sie fünf Quadrate. Diese werden aus einem Blatt kariertem Papier ausgeschnitten. Alle Quadrate müssen gleich groß sein. Anschließend können Sie mit diesen Quadraten Figuren legen. Die Kante eines Quadrats muss dabei immer vollständig an der Kante des nächsten

Quadrats anliegen. Wie viele verschiedene Formen können Sie finden, wenn jeweils alle fünf Quadrate verwendet werden?

Wenn man nur unterschiedliche Figuren nimmt, sind es zwölf Stück. Meist findet man noch viele weitere Figuren. Aber diese können durch Drehen oder Spiegeln ineinander überführt werden. Das heißt, dass sie nur auf den ersten Blick unterschiedlich aussehen, bei genauerer Betrachtung jedoch gleich sind.

Aus einigen dieser Figuren kann man einen kniffligen Kalender machen. Zeichnen Sie dazu die sieben Teile, die als Vorlage abgebildet sind, auf ein kariertes Blatt. Jedes der fünf Quadrate, aus denen die Figuren bestehen, sollte auf dem Blatt etwa 4 x 4 Kästchen groß sein. Schneiden Sie die Umrisse der Figuren aus. Sie können das Spiel schöner gestalten, indem Sie alle Teile auf beiden Seiten anmalen. Noch schöner wird das Spiel, wenn Sie die Pentominos aus Moosgummi oder einem anderen, etwas dickeren Material herstellen.

Es fehlt noch das Kalenderblatt: Zeichnen Sie auf ein weiteres kariertes Blatt für jeden Tag ein Feld. Ein Feld entspricht – passend zu den Pentominoteilen – einem Quadrat von 4 x 4 Kästchen. Organisieren Sie das so, dass jeweils sieben Felder eine Reihe bilden. So ergeben sich vier vollständige Reihen; die fünfte Reihe enthält die restlichen drei Tage. Beschriften Sie die Felder für die einzelnen Tage mit Zahlen von 1 bis 31.

Jetzt kann das Puzzeln losgehen! Versuchen Sie, mit den Pentominos alle Felder außer dem Feld mit dem heutigen Tagesdatum abzudecken. Dabei darf kein Feld doppelt abgedeckt werden. Klappt es für jeden Tag?

Es bleibt immer eine Figur übrig. Für den Kalender werden nämlich sieben verschiedene Pentominos verwendet. Für jede Lösung werden aber nur sechs Teile benötigt, da der Kalender 31 Felder hat und jeweils $5 \cdot 6 = 30$ Felder abgedeckt werden müssen.

Mit den Pentominos kann man noch viel mehr machen: Versuchen Sie die Teile zu Quadraten, Rechtecken oder anderen Figuren zusammenzulegen. Wenn Sie eine interessante Form gefunden haben, können Sie den Umriss aufzeichnen und diesen von einer anderen Person mit den Pentomino-Teilen ausfüllen lassen.

> Das Wort Pentomino wurde von dem Mathematiker Solomon W. Golomb geprägt. Es ist aus dem Griechischen abgeleitet: „penta" bedeutet fünf. Der erste Artikel über diese Figuren erschien 1954 im *American Mathematical Monthly*. Analog kann man auch den Titel des Spiels Tetris erklären: „tetra" heißt vier. Untersuchen Sie Tetris einmal genauer: Werden alle möglichen Figuren aus vier Quadraten verwendet?

## Griechisch-lateinisches Quadrat

Ein geordnetes Muster ist einfach zu erstellen, zum Beispiel bei der Anordnung verschiedenfarbiger Fliesen. Interessanter wird es, wenn man zwei Eigenschaften der zu ordnenden Dinge gleichzeitig berücksichtigen muss.

Papier in vier verschiedenen Farben
(z. B. rot – gelb – blau – grün)
Schere
evtl. Moosgummi oder Pappe

*Vier verschiedene Formen in vier verschiedenen Farben können so in ein Spielfeld gelegt werden, dass jede Form und jede Farbe in jeder Zeile und jeder Spalte nur einmal vorkommt.*

Bei diesem Spiel können Sie kreativ sein. Denken Sie sich vier verschiedene Formen aus, die Sie zeichnen können: geometrische Grundformen, Tiere, Haushaltsgegenstände, Fahrzeuge oder etwas ganz anderes.

Mit den Formen werden Spielsteine hergestellt. Schneiden Sie von jeder der vier Farben vier kleine Quadrate als Spielsteine zurecht. Zeichnen Sie die von Ihnen gewählten Formen darauf. Jede Form muss es in jeder Farbe geben: vier verschiedenfarbige Sterne, vier Wolken …

Wenn die Spielsteine etwa 4 cm x 4 cm groß sind, kann man das Spielbrett aus einem DIN-A4-Blatt herstellen. Das Spiel ist haltbarer, wenn Sie die Quadrate auf Pappe aufkleben oder Moosgummi verwenden.

Das Spielbrett ist sehr einfach: Ein Quadrat, das in 4 x 4 Felder eingeteilt wird. Schneiden Sie ein DIN-A4-Blatt zu einem Quadrat und zeichnen Sie mit einem Stift die Felder ein. Wenn Sie es auf Pappe aufkleben, können Sie es ebenfalls häufiger verwenden.

Jetzt kann gepuzzelt werden: In jeder Zeile und jeder Spalte darf jede Farbe und jede Form nur einmal vorkommen!

Wenn Sie es geschafft haben, schauen Sie die Lage der Spielsteine einmal genauer an. Müssen Sie alle Positionen auswendig lernen, oder können Sie eine Taktik für den nächsten Versuch entwickeln? Achten Sie besonders auf die Diagonalen.

Es gibt auch die Junior-Variante des Spieles: Drei Farben und drei Formen auf einem 3 x 3-Spielfeld. Für Experten kann das Spiel mit zunehmender Übung wachsen: Auch größere Felder mit entsprechend vielen Farben und Formen sind möglich. Allerdings gibt es dabei Einschränkungen. Gibt es nur eine Eigenschaft – zum Beispiel die Farbe –, die beim Spielen beachtet werden muss, dann sind beliebig große Felder möglich, und es gibt immer eine Lösung.

Wenn man beide Eigenschaften fordert, so sind nicht alle Anzahlen von Feldern möglich. Zwar gibt es für die Größen 3 x 3, 4 x 4, 5 x 5, 7 x 7 Lösungen, aber der Fall 6 x 6 bildet eine Ausnahme: Für sechs Farben und sechs Formen im 6 x 6-Feld gibt es keine Lösung.

Der Name des Spiels kommt vom Hang der Mathematiker zu formalen Beschreibungen. Statt Farben und Formen kann man griechische und lateinische Buchstaben verwenden. Dann geht es nicht mehr um blaue Sterne und gelbe Wolken, sondern um βc, γa usw.

Eine weitere Bezeichnung ist „Eulersches Quadrat". Leonhard Euler (1707–1783) ist zwar nicht der Erfinder des Spiels, hat sich jedoch eingehend damit beschäftigt. Es wird berichtet, dass Euler, der ab 1766 in St. Petersburg arbeitete, von der Zarin Katharina der Großen die Aufgabe erhalten hat, das „Problem der 36 Offiziere" zu lösen. Aus sechs Regimentern und sechs Dienstgraden kann man 36 Kombinationen bilden. Die Frage war, ob man diese 36 Offiziere so in einem 6 x 6-Karree aufstellen kann, dass in jeder Zeile und in jeder Spalte jedes Regiment und jeder Dienstgrad genau einmal vorkommt. Euler konnte das entsprechende Problem für fast alle Zahlen lösen, nur für die Zahlen 6, 10, 14 usw., also Zahlen der Form $4k+2$, fand er keine Lösung. Erst 1901 konnte Gaston Tarry, ein französischer Beamter in Algerien, beweisen, dass es für $n = 6$ keine Lösung gibt, und 1959/60 konnten Bose, Shrikhande und Parker zeigen, dass für jedes $n > 6$ eine Lösung existiert.

## Qua-Kreuz

In diesem Legespiel sind zwei Knobelspiele vereint. Aus denselben vier Teilen kann entweder ein Quadrat oder ein Kreuz gelegt werden.

Papier (nicht kariert)
Geodreieck, Schere

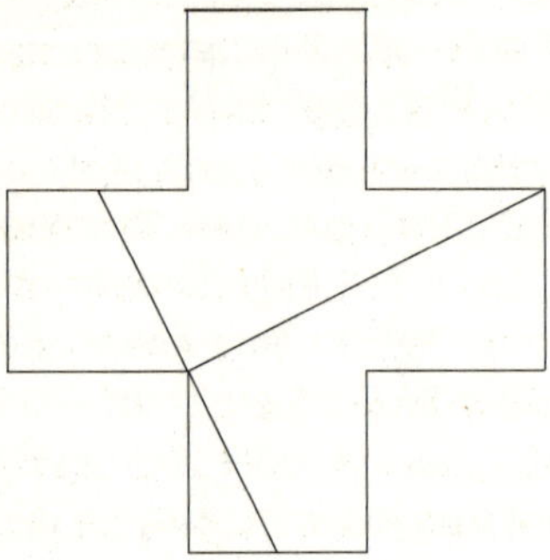

*Ein Kreuz wird mit zwei Schnitten in vier Teile zerlegt. Es kann dann sowohl wieder zu einem Kreuz als auch zu einem Quadrat zusammengelegt werden.*

Zeichnen Sie ein Kreuz auf ein Blatt Papier. Die Linien sollten ganz fein sein, sodass man sie nach dem Ausschneiden nicht mehr sieht oder gut ausradieren kann. Das Kreuz muss aussehen wie ein Plus-Zeichen: alle Enden gleich lang. Zusätzlich muss die Länge der Balken das Dreifache ihrer Breite betragen. Es handelt sich somit um ein Kreuz, das aus fünf Quadraten besteht. Schneiden Sie das Kreuz aus und legen Sie die Papierreste beiseite.

Nun wird die Figur mit zwei Schnitten in vier Teile zerlegt. Entsprechend der Vorlage verläuft der eine Schnitt genau zwischen einer Innenecke und einer Außenecke und der zweite von der Mitte einer Seite durch eine der Innenecken zur Mitte der anderen Seite.

Jetzt wird es spannend: Mischen Sie die Teile und versuchen Sie, das Kreuz erneut zusammenzulegen. Wenn Sie nicht auf die Zeichnung schauen, ist schon das eine Herausforderung. Mit diesen vier Teilen kann man aber noch mehr machen: Legen Sie daraus ein Quadrat!

Warum ist es möglich, mit diesen Teilen zwei verschiedene Formen zu legen? Eine wichtige Voraussetzung dafür ist, dass die vier Teile nur Winkel haben, die „zueinander passen“: Schon im Kreuz sind 90°-Winkel vorhanden. Durch die Schnitte entstehen zwei neue 90°-Winkel. Diese werden zu zwei der Ecken des Quadrats. Auch die anderen beiden Winkelmaße, die beim Zerschneiden entstehen, passen gut zusammen: 26,6° + 63,4° = 90°.

Dieses Knobelspiel kann auch als ein Ausschnitt aus einer unendlich großen Parkettierung gesehen werden. Die Parkettierung besteht aus den lückenlos aneinandergelegten Kreuzen. Darüber liegen ebensoviele lückenlos angeordnete Quadrate. Die Überlagerung ist so gewählt, dass jedes Kreuz durch die Geraden in die gleichen Teile zerlegt wird.

Die früheste bekannte Darstellung dieses Knobelspiels stammt von einer Werbepostkarte der Simonds Soap Company in New York aus dem Jahr 1887. Man vermutet, dass die Aufgabe von dem bekannten Spiele- und Rätselerfinder Sam Loyd (1841–1911) stammt.

## Qua-Dreieck

Knobelspiele stellen oftmals die Aufgabe, mehrere Teile zu einer bestimmten Form zusammenzusetzen. In diesem Fall können aus denselben Teilen sogar zwei verschiedene Formen gebildet werden.

Papier (nicht kariert)
Zirkel
Geodreieck

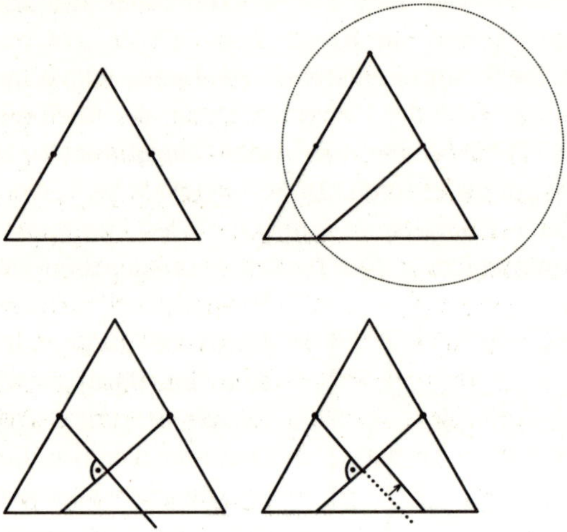

*Aus vier Teilen kann ein gleichseitiges Dreieck oder ein Quadrat gelegt werden.*

Ein gleichseitiges Dreieck bildet die Grundlage dieses Experiments. Bevor es richtig losgehen kann, muss man eine für die Konstruktion nötige Länge ausrechnen, die von der Größe des Dreiecks abhängt. Diese Länge – nennen wir sie $l$ – berechnen Sie wie folgt: $l = 0{,}66 \cdot s$. Dabei ist $s$ die Seitenlänge des Dreiecks. Wenn Ihr Dreieck eine Seitenlänge von 20 cm hat, ist die Länge $l = 0{,}66 \cdot 20\,cm = 13{,}2\,cm$.

Jetzt kann die Herstellung des Knobelspiels beginnen: Zeichnen Sie alle Linien mit Bleistift und möglichst fein, damit Sie sie später mithilfe eines Radierers wieder verschwinden lassen können.

An zwei Seiten des Dreiecks werden die Mittelpunkte markiert. In das Dreieck wird zunächst eine Strecke mit der gerade berechneten Länge $l$ eingezeichnet. Sie beginnt in einem der Mittelpunkte und endet an der bisher noch nicht beachteten dritten Seite des Dreiecks. Stellen Sie den Zirkel auf die Länge $l$ ein. Stechen Sie in einen der Seitenmittelpunkte ein und zeichnen Sie einen Kreis. Dort, wo der Kreis die dritte Dreiecksseite schneidet, ist das Ende der Strecke. Verbinden Sie den Punkt, in den Sie eingestochen hatten, mit dem gerade konstruierten Punkt auf der dritten Dreiecksseite durch eine Strecke.

Auch im zweiten Seitenmittelpunkt beginnt eine Strecke mit der Länge $l$. Diese endet jedoch nicht an der dritten Seite des Dreiecks. Sie muss eine andere Eigenschaft erfüllen: Sie muss senkrecht zu der gerade eingezeichneten Strecke stehen. Das erreichen Sie am einfachsten mit dem Geodreieck. Legen Sie es mit der Mittellinie auf die zuerst eingezeichnete Strecke. Schieben Sie es auf dieser Linie so, dass die lange Kante durch den zweiten Seitenmittelpunkt verläuft. Zeichnen Sie dann mit dem Geodreieck die zweite Strecke mit der Länge $l$ ein: Sie beginnt im Seitenmittelpunkt, schneidet die erste Strecke und die dritte Seite des Dreiecks und endet außerhalb des Dreiecks.

Im letzten Schritt wird ein Teil der zuletzt gezeichneten Strecke verschoben: Der zu verschiebende Abschnitt beginnt am Schnittpunkt mit der ersten Strecke und endet am überstehenden Ende. Er wird so weit parallel verschoben, bis das Ende der Strecke genau auf der dritten Seite des Dreiecks liegt. Das können Sie wiederum mithilfe des Geodreiecks machen. Legen Sie es mit der Mittellinie erneut auf die zuerst eingezeichnete Strecke und schieben Sie es entsprechend.

Die Konstruktion ist mit diesem Schritt abgeschlossen. Schneiden Sie das Dreieck aus und zerlegen Sie es in die vier Teile. Versuchen Sie nun das Dreieck wieder zusammenzulegen! Radieren Sie vorher alle Bleistiftreste aus und drehen Sie ein paar Teile herum. Wenn Sie das Dreieck geschafft haben, versuchen Sie sich an der zweiten Figur, die Sie aus diesen Teilen legen können, dem Quadrat.

Haben Sie gemerkt, woher die rechten Winkel stammen, die Sie für das Quadrat benötigen? Die haben Sie selbst in das Dreieck „hineinkonstruiert“: Die rechten Winkel des Quadrats entstehen aus den beiden Strecken im Inneren des Dreiecks, die sich rechtwinklig schneiden.

Auch die Länge $l$ kommt nicht von ungefähr: Es ist die Seitenlänge des Quadrats. Dreieck und Quadrat werden aus denselben Teilen gelegt. Daher haben sie denselben Flächeninhalt. Es ist somit nötig, vorher zu überlegen, in welchem Verhältnis die Seitenlängen von Quadrat und Dreieck stehen müssen.

Wir können das Ganze auch in Formeln erfassen:

Der Flächeninhalt $A$ des Dreiecks lässt sich mit seiner Seitenlänge $s$ berechnen: $A = \frac{s \cdot h}{2}$.

Die Höhe $h$ des Dreiecks kann man mithilfe des Satzes des Pythagoras berechnen. Man erhält $h = \frac{\sqrt{3}}{2} \cdot s$. Damit ergibt sich für den Flächeninhalt des Dreiecks $A = \frac{\sqrt{3}}{4} \cdot s^2$.

Der Flächeninhalt des Quadrats ist einfacher zu berechnen: $A = l^2$. Diese Gleichung wird nach $l$ aufgelöst und der Flächeninhalt des Dreiecks eingesetzt: $l = \frac{\sqrt[4]{3}}{2} \cdot s$. Der Wert 0,66, den wir bei der Konstruktion des Knobelspiels verwendet haben, ist somit nur eine Näherung.

Das Qua-Dreieck geht auf den berühmten Rätselerfinder Henry Ernest Dudeney (1857–1930) zurück. Von ihm stammt eine riesige Anzahl mathematischer Rätsel.

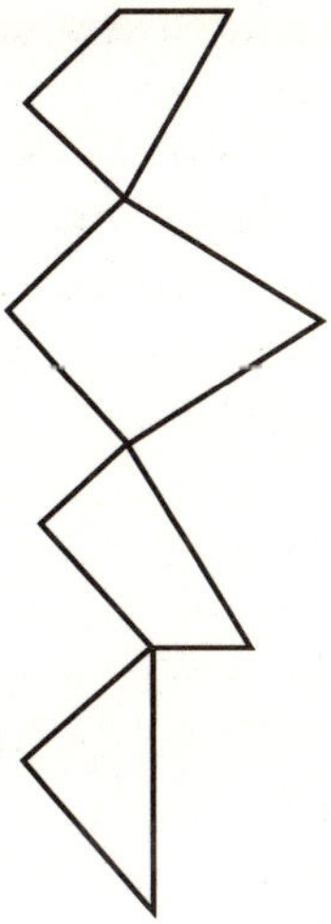

Es gibt einen Trick, wie man ohne langwieriges Puzzeln aus dem Quadrat ein Dreieck machen kann und umgekehrt. Schauen Sie sich den Rand des Dreiecks oder des Quadrats an: Bei beiden Figuren gibt es vier Punkte, an denen sich zwei der Teile am Rand treffen. Man kann sich vorstellen, dass an drei der vier Stellen die Teile miteinander verbunden sind, wie mit einem Scharnier. Man hat dann eine Kette aus vier beweglichen Teilen. Je nachdem, ob man alle Scharniere in die eine oder alle in die andere Richtung klappt, erhält man das Quadrat oder das Dreieck.

Christoph A. Schwengeler: Geometrie experimentell. Ideen und Anregungen zu einem handlungsorientierten Mathematikunterricht. Zürich: Orell Füssli 1998

## Wie man durch eine Postkarte steigt

Wenn es darum geht, einen Gegenstand zu durchdringen, glaubt man, es sei Magie im Spiel. Manchmal ist es aber auch nur eine Schere und etwas Mathematik.

Postkarte
Schere

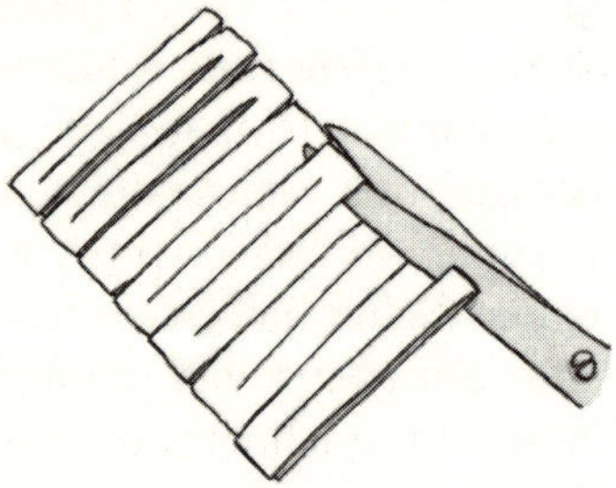

*Eine Postkarte wird so eingeschnitten, dass daraus ein großer Ring entsteht.*

Falten Sie die Postkarte zunächst auf die Hälfte. Dadurch wird die Karte zweilagig mit einer geschlossenen Kante entlang des Knicks und drei offenen Kanten.

Damit das Einschneiden der Karte mit der Schere gut gelingt, müssen Sie zunächst die Schnittlinien vorzeichnen. Als Erstes wird eine Linie eingezeichnet, die genau in der Mitte zwischen den beiden kurzen Kanten verläuft und parallel dazu ist.

Zeichnen Sie dann weitere dazu parallele Linien ein. Der Abstand zwischen den Linien muss jeweils etwa gleich sein. Wählen Sie die Einteilung so, dass die Karte insgesamt in 14 Streifen eingeteilt wird.

Anschließend wird die Karte entlang der Linien eingeschnitten. Die Schnitte dürfen nicht ganz durchgehen. Fünf bis sechs Millimeter des Papiers dürfen nicht durchgeschnitten werden, sodass es insgesamt ein einziges Teil bleibt. Die beiden Schnitte direkt neben der kurzen Kante müssen von der geschlossenen Kante am Knick ausgehen. Dann wird immer abwechselnd von der geschlossenen und von der offenen Kante ausgehend eingeschnitten. Da wir eine gerade Anzahl von Streifen gewählt haben, bleibt eine Zick-Zack-Linie aus Papier übrig.

Durch die Schnitte wird die Karte instabil: Sie lässt sich wie eine Ziehharmonika auseinanderziehen. Bevor Sie die Postkarte durchsteigen können, müssen Sie noch einen letzten Schnitt machen, und zwar entlang der geknickten Kante. Diese ist durch die vielen Schnitte in kleine Abschnitte eingeteilt. Die beiden schmalen Stücke an den Rändern der Karte dürfen Sie nicht durchschneiden. Aber alle anderen müssen aufgeschnitten werden, jeweils entlang der Knickkante.

Die Vorbereitungen sind damit abgeschlossen. Falten Sie die Karte zunächst wieder zur ursprünglichen Größe auf. Machen Sie das vorsichtig, damit das Papier nicht einreißt. Dort, wo zuvor der Knick war, ist jetzt ein Spalt. Ziehen Sie die Karte vorsichtig auseinander, sodass aus dem Spalt ein großes Loch wird. Dieses Loch können Sie so weit aufziehen, dass sie selbst hindurchsteigen können. Probieren Sie es aus!

Aus der geschlossenen Fläche der Postkarte ist ein langer Streifen geworden. Das abwechselnde Einschneiden hat einen Zick-Zack-Streifen ergeben. Durch das vorherige Falten der Karte sind sogar zwei Streifen entstanden, die an den Enden verbunden sind.

Kann man noch einen größeren Ring machen? Klar! Sie müssen nur mehr und engere Schnitte machen. Bis zu einem gewissen Grad ist das möglich – wenn das Papier entsprechend haltbar ist und Sie sehr sorgfältig arbeiten.

Aus mathematischer Sicht kann das Loch sogar so groß werden, dass ein Flugzeug hindurchpasst. Sie müssten nur entsprechend schmal schneiden. Die Eigenschaften des Papiers verhindern allerdings die Umsetzung dieser Vorstellung. Diese Methode wird in der Mathematik oftmals angewandt, um sich Dinge vorzustellen, die man nicht praktisch umsetzen kann. Man fängt ganz einfach an, mit einem Beispiel. Dann erweitert man das Beispiel schrittweise. Schließlich kann man sich vorstellen, was passiert, wenn man das Beispiel unendlich oft auf dieselbe Weise erweitern würde. Wenn Sie die Postkarte unendlich oft einschneiden, wird das Loch auch unendlich groß!

# 4.

## Zwischen zweiter und dritter Dimension

## Alles gerade, trotzdem rund

Dieses Experiment kann man in zwei Schritten durchführen: Mit Stift und Lineal im Zweidimensionalen und als dreidimensionales Modell mit verblüffenden neuen Einsichten.

Papier
Lineal

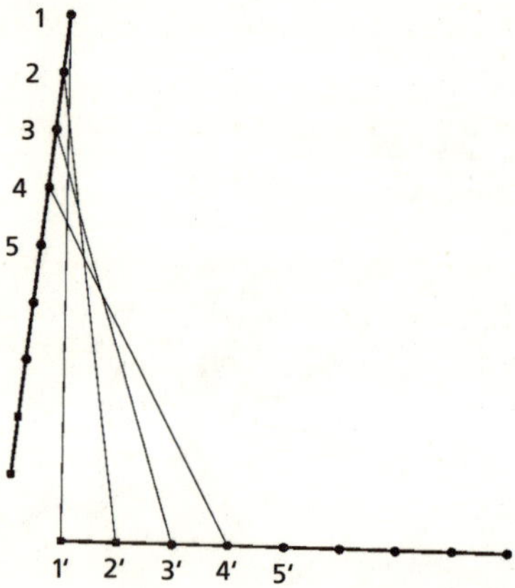


*Zwei Achsen werden gleichmäßig eingeteilt und durch Strecken verbunden. Dabei entsteht eine Parabel.*

Zeichnen Sie zwei Strecken auf ein Blatt Papier. Es sind die „Achsen“ für alle weiteren Schritte. Sie sollten etwa im rechten Winkel zueinander stehen und in einem Endpunkt nahe beieinanderliegen. Untergliedern Sie die Achsen regelmäßig: Beide müssen in gleich viele Abschnitte geteilt werden, und die Abschnitte einer Achse müssen jeweils gleich lang sein. Dann werden die Markierungen auf den Achsen nummeriert, zum Beispiel von 1 bis 10. Achten Sie auf die Anordnung: Die kleinste Zahl der einen Achse sollte in der Nähe der größten Zahl auf der anderen Achse liegen.

Nach diesen Vorbereitungen können Sie die entscheidenden Strecken einzeichnen: Verbinden Sie den Punkt 1 auf der einen Achse mit dem Punkt 1 auf der anderen Achse, Punkt 2 mit dem anderen Punkt 2 usw.

Schon nach dem Zeichnen weniger Verbindungslinien wird eine gebogene Form sichtbar: eine Parabel. Sie ist die „Einhüllende“ aller Strecken und bildet eine Grenze zwischen dem Bereich, der von den Strecken getroffen wird, und dem Bereich, der weiß bleibt.

In diesen Bildern sieht man jeweils nur einen Ausschnitt aus der Parabel. Eine Eigenschaft einer Parabel ist, dass sie beliebig „breit“ wird. Das bedeutet, dass sich die Kurve auf der anderen Seite der Achsen fortsetzt.

Probieren Sie einmal aus, wie die Kurve bei anderen Winkeln als 90° aussieht!

Für die dreidimensionale Variante dieses Experiments werden ein paar Dinge aus dem Baumarkt benötigt.

zwei Leisten von ca. 45 cm Länge
(zum Beispiel Viertelstäbe)
etwa 40 Ösen (Durchmesser ca. 3 mm)
eine Rolle elastisches Nähgarn
(am besten in einer dunklen Farbe)
Werkzeug zum Vorstechen (Stechahl oder Nagel)
Kombizange

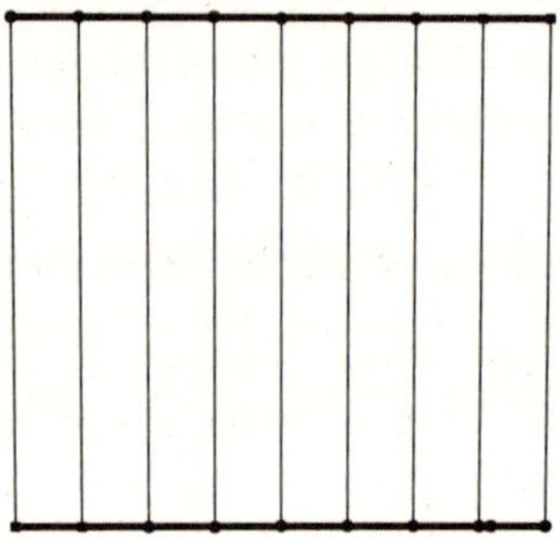

*In die Leisten werden in gleichmäßigen Abständen Ösen eingedreht und mit elastischem Nähgarn verbunden.*

*Die Fäden bilden eine „biegsame Fläche“, die je nach Betrachtungspunkt verschiedene Eigenschaften erkennen lässt.*

Machen Sie auf den Leisten in regelmäßigen Abständen Markierungen für die Ösen. Jede Leiste wird mit etwa 20 Ösen versehen, sodass die Ösen jeweils einen Abstand von ca. 2 cm haben. Stechen Sie mit einem Stechahl oder einem Nagel für jede Öse eine kleine Vertiefung, dann können Sie die Ösen mit der Hand etwas eindrehen und mit der Kombizange festziehen. Planen Sie dafür etwas Zeit ein, da diese Arbeit ein wenig Geduld erfordert.

Durch die Ösen wird anschließend der elastische Nähfaden geführt. Der Faden muss in parallelen Bahnen verlaufen: Von der ersten Öse der einen Leiste zur ersten Öse der zweiten Leiste. Weiter zur zweiten Öse der zweiten Leiste und zurück zur ersten Leiste … Geknotet wird nur an der ersten und an der letzten Öse. Die Fläche zwischen den beiden Leisten sollte etwa quadratisch sein, das heißt die Länge der Fadenabschnitte sollte der Länge der Leisten grob entsprechen.

Dieses auf den ersten Blick unscheinbare Gerät kann man auf viele Weisen verwenden und betrachten:

1. Halten Sie eine Leiste Ihrer Konstruktion waagrecht fest und lassen Sie die andere Leiste an den Fäden hängen. Die Fäden bilden eine Art Fläche aus parallelen Linien, ein Rechteck. Wenn Sie die obere Leiste etwas schräg halten, wird die Fläche ein Parallelogramm.

2. Drehen Sie die untere Leiste um 180°. Die Fäden sind jetzt nicht mehr parallel: Sie treffen sich in der Mitte. Halten Sie die Leisten unterschiedlich schräg. Die Figuren, die Sie dann sehen, entsprechen denen aus dem Versuch mit Stift und Lineal: Parabeln. Je nachdem, wie Sie die Leisten halten, ist die Parabel eher gestreckt oder gestaucht. So können Sie viele Parabeln mit einem Handgriff sehen und müssen nicht für jede neue Form von vorne beginnen. Man sieht deutlich die gebogene Form, obwohl alle Fäden gerade sind.

3. Halten Sie die eine Leiste wiederum waagrecht und drehen Sie die zweite Leiste – diesmal nur um etwa 90°. Immer noch bilden die Fäden eine Fläche. Diese Fläche ist nicht mehr zwei-, sondern dreidimensional: eine gebogene Fläche, die wiederum nur aus Geraden – aus den Fäden – besteht. Je nach Drehwinkel ist die Wölbung unterschiedlich stark. Mathematiker sprechen von

einer „Quadrik“, da man solche Formen mit quadratischen Gleichungen beschreiben kann.

4. Halten Sie ihre Konstruktion um 90° verdreht vor eine helle Wand, etwa in Augenhöhe. Machen Sie dieses Experiment am besten zu zweit, dann kann eine Person halten und die zweite aus einiger Entfernung die gewölbte Fläche betrachten. Die Fläche erscheint nicht mehr dreidimensional. Die Fäden scheinen sich in einem Punkt zu treffen, wie Sie es schon bei einer Verdrehung von 180° beobachtet haben. Wenn Sie sich vor der Konstruktion nach links und rechts bewegen, scheint sich dieser Schnittpunkt in seiner Höhe zu verändern: Mal liegt er höher, mal tiefer. Das allein ist schon verblüffend, doch was kann man daraus schließen? Sie wissen, dass sich die Fäden nicht in einem Punkt treffen, da die Verdrehung nur ca. 90° beträgt. Trotzdem sehen Sie eine Art „Schnittpunkt“. An der Stelle, an der Sie den Schnittpunkt sehen, liegen alle Fäden – mit etwas Abstand – hintereinander. Man kann sich einen Strahl vorstellen, die von ihrem Auge ausgeht und alle Fäden trifft. Die gewölbte Fläche besteht somit nicht nur aus den sichtbaren Geraden – den Fäden, die schräg von oben nach unten verlaufen –, sondern auch aus waagrechten Geraden, die man nicht direkt, sondern nur durch Betrachtung der Schnittpunkte aus einiger Entfernung sehen kann. Es gibt davon unendlich viele. Das können Sie daran erkennen, dass Sie aus unterschiedlichen Richtungen in verschiedenen Positionen Schnittpunke sehen können.

Damit Sie die Experimente mit der gleichen Konstruktion später nochmals wiederholen können, noch ein Tipp zur Aufbewahrung: Legen Sie ein Blatt Papier auf die Fäden und wickeln Sie die Fäden mit dem Papier um eine der Leisten. So gibt es keine Verknotungen.

## Das Möbiusband

Wenn man ein Papierband zu einem Ring zusammenklebt, gibt es keine Überraschung. Man kann Außenseite und Innenseite unterscheiden; man könnte diese mit unterschiedlichen Farben anmalen. Es gibt auch eine „obere“ Kante und eine „untere“, die beide ungefähr kreisförmig und vollkommen getrennt voneinander verlaufen. Man könnte die obere Kante durch eine Wellenlinie kennzeichnen und die untere durch eine Zickzacklinie. Das alles ist nicht aufregend. Im Gegenteil: Die Welt ist in Ordnung; sie ist so, wie wir sie uns vorstellen. Das ändert sich schlagartig, wenn wir das „Möbiusband“ betrachten.

drei Papierstreifen, etwa so lang wie ein DIN-A4-Blatt und ungefähr 5 cm breit
Klebstoff
Schere

Nehmen Sie einen Papierstreifen und halten Sie die Enden aneinander. Dann drehen Sie ein Ende einmal um 180° herum, sodass die obere Kante unten ist, und kleben Sie dann den Streifen so zusammen! Sie erhalten ein „Möbiusband“. Vermutlich hat der Mathematiker Ferdinand

August Möbius (1790–1868) dieses Band nicht erfunden. Er war aber der Erste, der dieses „Ding“ als mathematisches Objekt ernst nahm.

Das Möbiusband ist ein in sich verschlungenes Gebilde, dem man seine überraschenden Eigenschaften auf den ersten Blick nicht ansieht.

1. Fahren Sie mit dem Finger auf dem Band entlang! Auch wenn Sie „außen“ beginnen, kommen Sie irgendwann nach „innen“ und dann wieder nach „außen“. Wenn man anfangen würde, das Band anzumalen, käme man erst wieder an den Ausgangspunkt zurück, wenn das ganze Band gefärbt ist. Das Möbiusband hat keine „Innenseite“ und keine „Außenseite“, sondern nur eine einzige Seite!

   Verstehen wir das? Rufen Sie sich noch einmal in Erinnerung, wie Sie das Möbiusband gemacht haben. Bei dem Ende des Bandes, das Sie um 180° gedreht haben, kam die Außenseite nach innen, sie wurde dann mit der Innenseite des anderen Endes verklebt. Also wurden „Außen“ und „Innen“ vereinigt; mit anderen Worten: Es gibt kein „Außen“ und „Innen“ mehr, sondern nur noch eine Seite.

2. Gleiten Sie mit dem Finger auf dem Rand des Möbiusbands entlang. Auch dabei müssen Sie umgreifen. Sie kommen erst wieder zum Ausgangspunkt zurück, wenn Sie den ganzen Rand abgefahren haben.

   Auch dieses Phänomen können wir aus dem Herstellungsvorgang erklären: Bei dem Ende des Bandes, das gedreht wurde, kam die obere Kante nach unten und wurde dann mit der unteren Kante des anderen Endes verbunden. Somit gibt es auch hier keine „obere“ und keine „untere“ Kante, sondern nur noch eine Kante.

3. Um das nächste Experiment zu verstehen, ist es günstig, das Möbiusband in geeigneter Weise vorzubereiten. Nehmen Sie einen neuen Papierstreifen und malen Sie zuerst den Rand an den Längsseiten an: oben und unten, hinten und vorne, überall. Verwenden Sie dabei überall die gleiche Farbe oder das gleiche Muster, zum Beispiel eine Wellenlinie.

   Dann machen Sie daraus wieder ein Möbiusband: Enden zusammenhalten, ein Ende herumdrehen, zusammenkleben!

Das Experiment besteht jetzt darin, das Möbiusband der Länge nach in der Mitte durchzuschneiden. Versuchen Sie sich vorzustellen, was passieren wird, wenn Sie den letzten Schnitt ausführen!

Erstaunlicherweise zerfällt das Band nicht in zwei Teile, sondern Sie erhalten ein einziges, doppelt so langes Band.

Schauen Sie sich das Band an! Wo ist der von Ihnen gestaltete Rand? Nur an einer Kante des langen Bandes, während die unbemalte Kante die Schnittkante ist. Sie hatten schon festgestellt, dass das Möbiusband nur einen Rand hat. Da Sie den Rand nie durchgeschnitten haben, ist es kein Wunder, dass noch alles zusammenhängt.

4. Machen Sie jetzt mit einem weiteren Papierstreifen noch ein letztes Möbiusband. Am besten so, dass Sie wieder den Rand vorher anmalen.

Auch diesmal besteht das Experiment darin, das Band der Länge nach durchzuschneiden – aber nicht in der Mitte, sondern etwa ein Drittel der Breite vom Rand entfernt. Das heißt: Halten Sie das Möbiusband so vor sich, dass der Ihnen zugewandte Teil senkrecht verläuft. Stechen Sie mit der Schere 1–2 cm vom rechten Rand entfernt ein. Und nun schneiden Sie so, dass Sie stets diesen Abstand vom rechten Rand einhalten.

Die erste Überraschung passiert, wenn Sie „einmal rum" sind: Sie sind zwar wieder am Ausgangspunkt angelangt, aber die Schnitte treffen sich nicht. Jetzt keine Abkürzung nehmen, sondern einfach weiter schneiden, immer mit dem gleichen Abstand von der Kante, die rechts liegt.

Halten Sie vor dem letzten Schnitt inne und stellen Sie sich vor, was passieren wird.

Unglaublich! Ein kleines Band, das in einem großen hängt!

Können wir das verstehen? Schauen Sie sich das lange Band an! Bei diesem ist eine Kante angemalt, die andere Kante ist eine Schnittkante. Es sieht aus wie das Band des zweiten Experiments, es ist nur ein bisschen schmaler.

Das kurze Band ist auch schmal, hat aber keine angemalte Kante: Es ist das mittlere Drittel des ursprünglichen Möbiusbandes, also auch ein Möbiusband, während das lange Band der Rand des Originalmöbiusbandes ist.

## Die Quadratur von zwei Kreisen

Wenn man aus einem ganz einfachen Gebilde ein noch einfacheres macht, denkt man: langweilig! Aber dass gerade das überraschend und spannend sein kann, zeigt dieses Experiment.

zwei gleich lange Papierstreifen, etwa so lang wie ein DIN-A4-Blatt und ungefähr 5 cm breit
Klebstoff
Schere

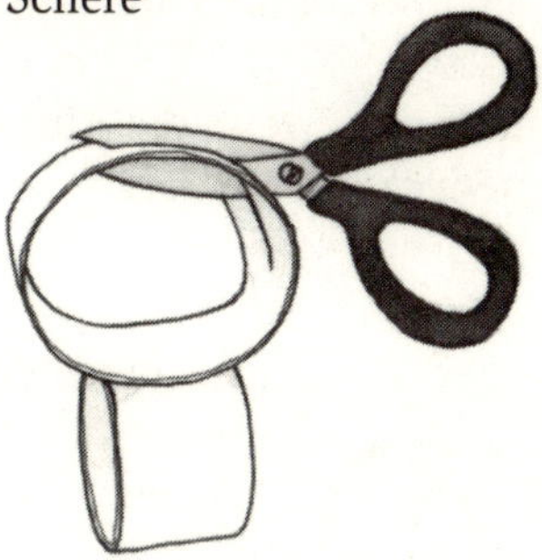

Machen Sie aus jedem Streifen einen Ring – ganz einfach: nicht verdrehen, sondern zu einem ganz normalen Ring zusammenfügen und zusammenkleben.

Dann fügen Sie die beiden Ringe zusammen, aber nicht so, dass sie eine Acht bilden, sondern so, dass sie senkrecht zueinander stehen. Achten Sie beim Zusammenkleben darauf, dass die gesamte Kontaktfläche gut von Klebstoff bedeckt ist, sodass es überall klebt.

Nun kommt das eigentliche Experiment: Schneiden Sie beide Ringe längs in der Mitte durch (auch durch die Klebefläche!). Erst den einen – dabei erhält man ein handschellenartiges Gebilde. Und dann den anderen!

Hätten Sie das vermutet? Es handelt sich wirklich um die Verwandlung zweier Kreise in ein Quadrat.

Zusatzexperiment: Können Sie aus dem Quadrat wieder die beiden Ringe formen? Zuerst die Handschellen, und dann die beiden Ringe?

*Es gibt viele Variationsmöglichkeiten für das Experiment:*

Was kommt heraus, wenn die beiden Papierstreifen verschiedenfarbig sind?

Welche Figur ergibt sich, wenn die Papierstreifen nicht gleich lang sind?

Und welche Figur ergibt sich, wenn die Ringe nicht im Winkel von 90° zusammengeklebt werden?

## Zwei Herzen

Das Möbiusband ist schon an sich eine spannende Sache. Aber wenn erst zwei Möbiusbänder zusammenkommen!

zwei gleich lange Papierstreifen,
etwa so lang wie ein DIN-A4-Blatt
und ungefähr 4 cm breit (Das Papier
sollte eine gewisse Steifigkeit haben.
Besonders schön ist es, wenn das Papier
rot ist.)
Klebstoff
Schere

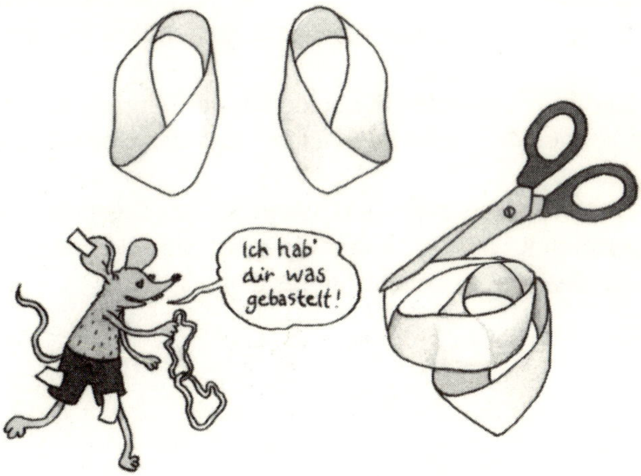


Machen Sie aus dem ersten Streifen ein Möbiusband. Sie erinnern sich: Vor dem Zusammenkleben ein Ende um 180° drehen.

Dafür gibt es zwei verschiedene Möglichkeiten: Sie können den Streifen um 180° zu sich her drehen oder um 180° in die andere Richtung. Machen Sie ein Möbiusband mit der einen Drehung und eines mit der anderen Drehung.

Sie können kontrollieren, ob Sie das richtig gemacht haben. Denn die beiden so entstandenen Möbiusbänder sind spiegelbildlich zueinander. Legen Sie beide vor sich so nebeneinander, dass eines das Spiegelbild des anderen ist.

Nun beginnt das eigentliche Experiment. Fügen Sie die beiden Möbiusbänder zusammen, und zwar so, dass sie an der Klebestelle senkrecht zueinander stehen. Am Besten wird es, wenn die neue Klebestelle genau gegenüber den bereits vorhandenen Klebestellen liegt. Achten Sie beim Zusammenkleben darauf, dass die gesamte Kontaktfläche gut von Klebstoff bedeckt ist, sodass es überall klebt.

Und nun schneiden Sie beide Bänder längs in der Mitte durch, auch durch die Klebefläche! Erst das eine und dann das andere!

Hätten Sie das vermutet? Wenn Sie das Ergebnis dieses Experiments „richtig" halten, werden Sie erkennen, dass es ein ideales Experiment für Verliebte ist!

## Schraubenlinie

Ein Musterbeispiel dafür, dass hinter etwas Gebogenem etwas ganz Gerades stecken kann, ist die Schraubenlinie.

Papier (möglichst dünn, zum Beispiel Pergamentpapier oder dünnes Schreibpapier)
breiter, schwarzer Stift
Lineal

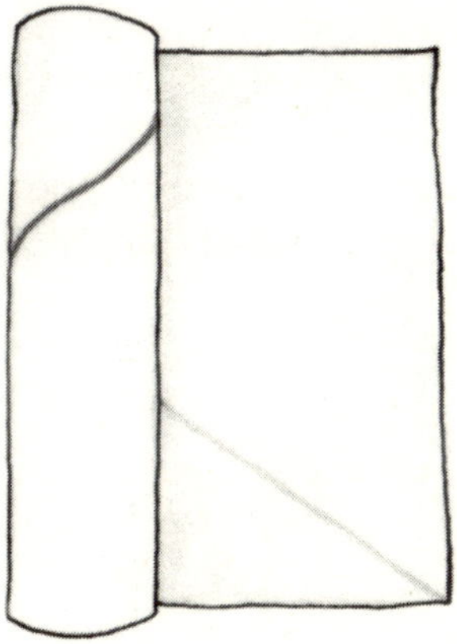

*Eine Gerade wird durch Aufrollen zu einer Schraubenlinie.*

Zeichnen Sie auf dem Papier mithilfe des Lineals eine Linie von einer Ecke zur gegenüberliegenden Ecke. Die Linie sollte möglichst gut sichtbar und dunkel sein, damit Sie durch eine weitere Lage Papier durchscheint.

Halten Sie die beiden kurzen Kanten des Blattes aneinander, sodass ein Zylinder entsteht. Fahren Sie mit dem

Finger entlang der Linie: Das ist die erste Windung Ihrer Schraubenlinie!

Sie können weitere Windungen herstellen, wenn Sie das Blatt enger aufrollen, sodass der Zylinder überall aus zwei Lagen Papier besteht. In der einen Hälfte ist die Schraubenlinie deutlich zu sehen, in der anderen Hälfte scheint Sie durch das Papier. Je dünner das verwendete Papier, desto mehr Windungen sind möglich.

> Papprollen zum Versenden von Postern oder beim Toilettenpapier werden nach dem Prinzip der Schraubenlinie gefertigt. Sie bestehen aus einem schmalen Streifen Pappkarton, der so aufgerollt wird, dass die beiden langen Kanten nach einer Windung genau nebeneinanderliegen. Die von außen sichtbare Naht zwischen den Pappstreifen ist eine Schraubenlinie. Auch Metallrohre für Belüftungssysteme werden manchmal so hergestellt.

# 5.

# Würfel und Pyramiden

## Tetraeder

Die wichtigste Form einer Pyramide ist der Tetraeder. Im Folgenden wird gezeigt, wie man einen Tetraeder im Nu basteln kann, und das nur mithilfe eines Blattes Papier.

1 Blatt Papier (DIN A4)

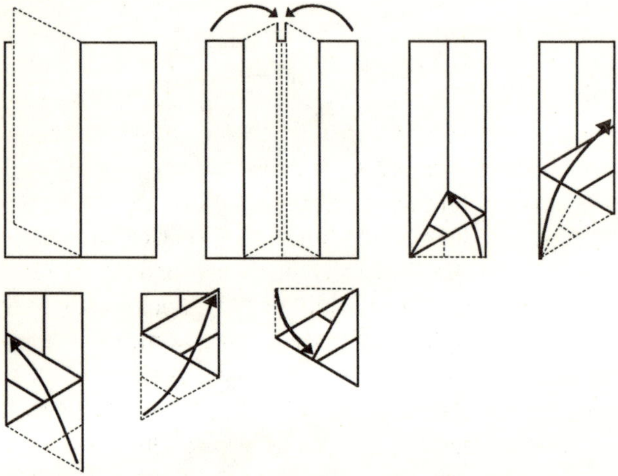

*Ein Blatt Papier wird zunächst zu einem Streifen und anschließend zu einem Dreieck gefaltet. Der so vorbereitete Streifen wird zu einem Tetraeder verbunden.*

Das Blatt Papier wird so gefaltet, dass am Schluss daraus ein Tetraeder entsteht. Dafür sind acht Schritte nötig. Es ist hilfreich – aber nicht unbedingt nötig – zunächst das Experiment „Vom Rechteck zum Dreieck“ (S. 14) durchzuführen, da dieses Experiment eine Fortsetzung davon ist.

Falten Sie das Blatt entlang der langen Seite zur Hälfte. Es wird anschließend wieder aufgefaltet, und beide langen Kanten werden bis zum im ersten Schritt erzeugten Knick zur Mitte hin umgeschlagen. Man nennt das bis jetzt gefaltete Gebilde einen „Schrank“. Beide Kanten bilden eine Linie, die für den nächsten Schritt entscheidend ist.

Der auf diese Weise entstandene Papierstreifen wird in immer gleicher Weise gefaltet, bis daraus ein Dreieck entsteht. Beginnen Sie mit der rechten unteren Ecke des Streifens. Falten Sie diesen so, dass zwei Bedingungen gleichzeitig erfüllt sind: Die Ecke muss auf der Mittellinie zu liegen kommen, und der neue Knick muss durch die linke untere Ecke verlaufen. Auf dem Papierstreifen ist ein kleines Dreieck entstanden. Seine längste Seite ist die erste Kante des späteren Tetraeders. Die kürzeste Seite ist für den nächsten Schritt entscheidend.

Die linke untere Ecke wird nun auf die rechte Kante gefaltet. Denken Sie sich die kürzeste Seite des Dreiecks verlängert: Sie ist die Faltkante für diesen Schritt. Nach dem Falten müsste die längste Kante des Dreiecks auf der rechten Kante des Papierstreifens zu liegen kommen.

Mittlerweile ist auf dem Papierstreifen ein gleichseitiges Dreieck entstanden. Wieder wird entlang von dessen Kante gefaltet, sodass die untere Kante des Dreiecks auf dem Rand des Papierstreifens zu liegen kommt. Dies können Sie noch zweimal durchführen, bis auch der überstehende Rest des Papierstreifens auf das Dreieck gefaltet wurde.

Die Vorbereitungen sind damit fast abgeschlossen. Aus dem dreieckigen Papierbündel können Sie jetzt einen Tetraeder herstellen. Falten Sie dazu das Papier so weit auf, bis Sie wieder den kompletten Papierstreifen vor sich haben. Dieser ist durch die Faltlinien in gleichseitige Dreiecke eingeteilt. Jedes dieser Dreiecke ist eine Seite des Tetraeders. Drei der Dreiecke sind vollständig. Einem fehlt eine kleine Ecke. Direkt daneben ist der Rest des Papierstreifens, den Sie zuletzt umgefaltet hatten. Ziehen Sie diese letzte Faltkante noch einmal scharf nach und falten Sie sie nicht wieder auf. Ihr Papierstreifen hat jetzt eine abgeschrägte Ecke. Von der einen Schmalseite des Papierstreifens ist nur ein kleiner Rest übrig.

Als Letztes müssen die beiden Enden des Streifens verbunden werden. Der Papierstreifen wurde durch die ersten Faltungen zweilagig. Das nutzen wir jetzt aus. Stecken Sie die abgestumpfte Ecke des einen Endes zwischen die beiden Lagen des halben Dreiecks am anderen Ende. Dabei entsteht der Tetraeder ganz von allein.

Sicher ist Ihnen aufgefallen, dass der Tetraeder nicht ganz perfekt ist: zwei Kanten sind offen. Die offenen Kanten liegen sich genau gegenüber. Wenn Sie den Tetraeder mit einer der offenen Kanten nach oben halten, ist die andere unten. Jede Kante hat ein solches Gegenüber. Insgesamt sind es sechs Kanten. Das kann man leicht zählen, wenn man den Tetraeder wieder auf eine Seite stellt: Drei Kanten gehen von der Spitze aus, drei weitere sind am unteren Rand.

Ihnen ist sicher der Unterschied zu einer „ägyptischen Pyramide“ aufgefallen. Während diese eine quadratische Grundfläche haben, ist beim Tetraeder jede Seite ein gleichseitiges Dreieck. Der Tetraeder besteht aus vier solchen Dreiecken und ist der Körper mit der geringsten Anzahl von regulären Vielecken als Begrenzung.

Die Bezeichnung bezieht sich auf die Zahl der Flächen: „tetra“ stammt aus dem Griechischen und bedeutet „vier“. Die Namen vieler anderer geometrischer Körper sind ebenfalls nach diesem Prinzip entstanden: Hexaeder (Sechsflächner, Würfel), Oktaeder (Achtflächner), Dodekaeder (Zwölfflächner) oder Ikosaeder (Zwanzigflächner) sind Beispiele hierfür.

## Kantenmodell eines Würfels

Bei vielen Spielen ist ein sechsseitiger Würfel ein wichtiges Utensil. In der folgenden Variante werden nicht die Seiten, sondern Ecken und Kanten in den Mittelpunkt gestellt.

dickes Papier
Schere
Kleber (Flüssig- oder Heißkleber)
Holzspieße

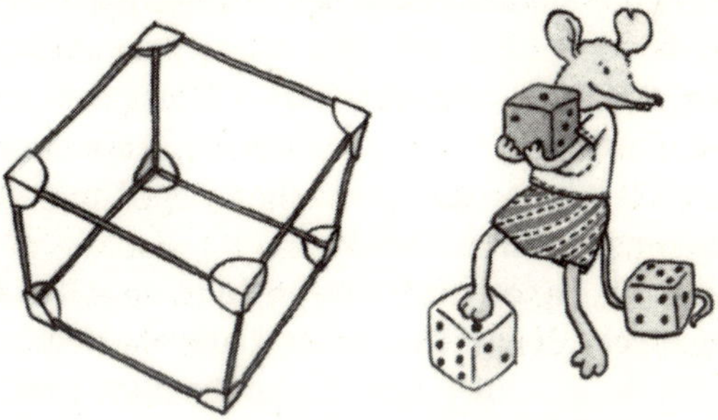

*Aus Papierkreisen werden Ecken geformt, mit denen die hölzernen Kanten des Würfels verbunden werden.*

In diesem Experiment wird das Kantenmodell eines Würfels hergestellt. Die quadratischen Flächen sind offen und werden nur durch die Ecken und Kanten angedeutet. Zunächst müssen die Ecken vorbereitet werden. Zeichnen Sie für jede Ecke einen Kreis auf ein etwas dickeres Blatt Papier. Wie viele Kreise sind für einen Würfel nötig? Der Durchmesser sollte etwa 5 cm betragen. Sie können einen Zirkel verwenden oder auf einen runden Gegenstand wie beispielsweise ein Glas zurückgreifen. Schneiden Sie die Kreise aus.

Der Würfel zeichnet sich durch seine rechten Winkel aus. An jeder Ecke treffen drei Quadrate mit je einem rechten Winkel aufeinander. Die rechten Winkel werden mithilfe der Kreise geformt. Falten Sie einen Kreis zunächst zur Hälfte und dann zu einem Viertelkreis. Falten Sie ihn anschließend wieder auf. Die beiden Faltlinien unterteilen den Kreis in vier Segmente. Schneiden Sie entlang einer der Linien den Kreis bis zur Mitte ein. Wenn Sie die beiden Segmente neben dem Schnitt passend aufeinanderkleben, formt sich der Kreis zu einer Ecke mit drei rechten Winkeln. Bereiten Sie alle Ecken des Würfels entsprechend vor.

Wenden wir uns nun den Kanten zu. Schneiden Sie für jede Kante des Würfels einen Holzspieß zurecht. Es kommt nicht auf die genaue Länge an, jedoch müssen alle Spieße gleich lang sein. Das Modell wird bei etwa 15 cm Kantenlänge besonders schön.

Kleben Sie einen der Holzspieße in eine Kante der ersten Papierecke. Wenn Sie hierzu Heißkleber verwenden, ist die Verbindung schnell fest. Fügen Sie nach und nach weitere Holzspieße und Papierecken an. Am besten geht es, wenn Sie zunächst zwei Quadrate fertigen und sie trocknen lassen. Anschließend können Sie die beiden Quadrate mit den restlichen Stäben zu einem Würfel verbinden.

Wieso können die Ecken so einfach hergestellt werden? Das liegt am rechten Winkel. An jeder Ecke des Würfels treffen drei Quadrate zusammen. Jedes hat einen 90°-Winkel. Durch das Falten werden die Kreise in vier rechtwinklige Segmente eingeteilt. Nach dem Einschneiden und Aufeinanderkleben zweier Segmente bleiben noch dreimal 90°, passend zur Würfelecke, übrig.

Diese Bauart eignet sich nicht nur für den Würfel, sondern auch für viele andere geometrische Körper wie Tetraeder oder Oktaeder. Sie müssen in diesem Fall auf zwei Dinge achten: zum einen darauf, welchen Winkel die einzelnen Flächen haben – um die Kreise richtig einzuteilen; und zum anderen darauf, wie viele Flächen an einer Ecke zusammenstoßen – um die richtige Anzahl von Kreissegmenten aufeinanderzukleben.

Dass immer ein Stück des Kreises als Klebelasche vorhanden ist, liegt in der Mathematik begründet. Die Winkel der Flächen eines Körpers, die an einer Ecke zusammenstoßen, betragen in ihrer Summe immer weniger als 360°. Bei einer Summe von 360° entsteht kein Körper, sondern eine Fläche. Ein Beispiel hierfür sind vier Quadrate, die in einer Ebene lückenlos aneinanderpassen.

Betrachten Sie den Würfel einmal genauer: Wie viele Seiten gibt es? Klar: Sechs – diese Eigenschaft ist die Grundlage jedes Spielwürfels. Wie viele Ecken gibt es? Beim Basteln haben Sie sicher festgestellt, dass Sie acht Kreise benötigt haben. Letzte Frage: Wie viele Kanten? Zwölf – entsprechend der Anzahl der verwendeten Holzspieße.

Rechnen Sie Folgendes aus: Anzahl der Seiten plus Anzahl der Ecken minus Anzahl der Kanten. $6 + 8 - 12 = 2$. Nichts Besonderes? Doch! Das klappt nicht nur beim Würfel, sondern auch bei vielen anderen Körpern: beim Tetraeder, beim Prisma, beim Fußball … Immer ist das Ergebnis 2. Die einzige Bedingung ist, dass es ein konvexer Körper ist, das heißt, dass er keine Dellen hat. Die Regel „Seiten + Ecken – Kanten = 2“ nennt man die „Euler’sche Polyederformel“. Sie wurde nach ihrem Entdecker Leonhard Euler (1707–1783) benannt. Diese Formel ist sehr nützlich: Wenn man zwei der Zahlen kennt, kann man die dritte ausrechnen. Das ist gerade bei Körpern mit einer großen Anzahl von Kanten, Ecken oder Flächen vorteilhaft.

## Pop-up-Dodekaeder

Dieses Dodekaeder-Modell ist zunächst zweidimensional. Mit einem „Plopp“ entsteht ein dreidimensionaler Körper.

Papier
Pappe (zum Beispiel die Rückseite eines Schreibblocks)
Schere
Gummiring

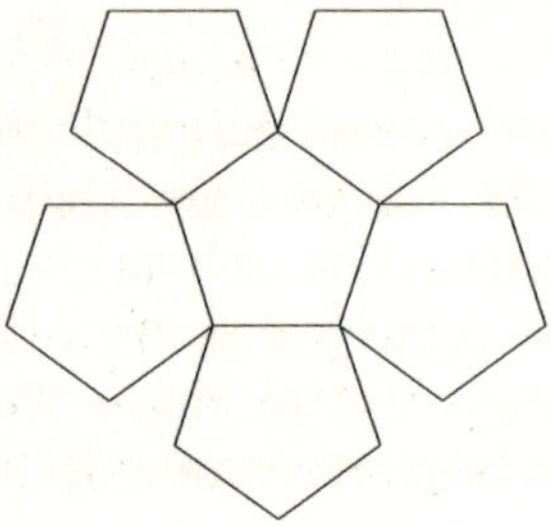

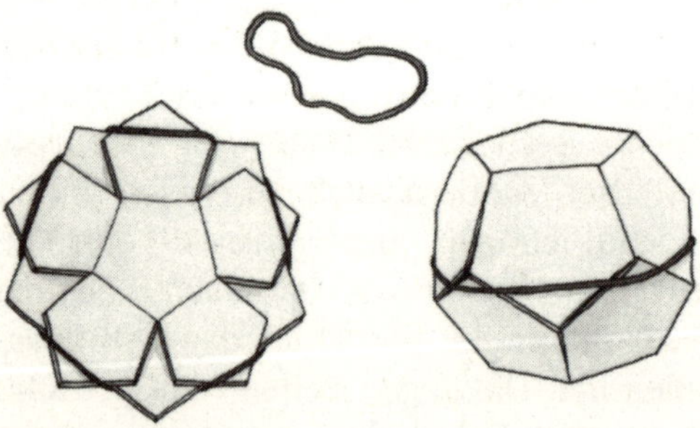

*Zwei „Fünfeckblüten“ werden aus Pappe hergestellt, vorgefaltet und mit einem Gummiring verbunden. Der Dodekaeder faltet sich anschließend von selbst auf.*

Stellen Sie eine Schablone auf einem Blatt Papier her. Dazu zeichnen Sie zunächst ein einzelnes reguläres Fünfeck mit gleich langen Seiten und 108°-Winkeln an den Ecken. Die Seitenlänge muss etwa 3 cm betragen. An jeder Seite des Fünfecks wird ein weiteres Fünfeck in gleicher Größe ergänzt. Die Schablone sieht schließlich aus wie eine Blüte mit fünf Blütenblättern.

Schneiden Sie die Schablone aus und übertragen Sie die Umrisse auf stabile Pappe. Sie benötigen die Pappform in zweifacher Ausfertigung. Die Blütenblätter müssen gut beweglich sein. Falten Sie dazu die äußeren Fünfecke auf das mittlere und wieder zurück. Machen Sie das mehrfach und zu beiden Seiten.

Die beiden Pappteile werden anschließend gegeneinander verdreht aufeinandergelegt. Die äußeren Fünfecke des einen müssen genau auf den Lücken des anderen Teils liegen und umgekehrt. Der Umriss von beiden Teilen gemeinsam hat die Form eines zehnzackigen Sternes.

Anschließend wird ein Gummiring um die Zacken gespannt, der die beiden Teile miteinander verbindet. Der Gummiring verläuft abwechselnd vor und hinter den Spitzen: vor der oberen Lage und hinter der unteren. Das ist etwas knifflig; Sie können das auch zu zweit machen. Drücken Sie dabei die beiden mittleren Fünfecke zusammen, damit der Körper nicht zu früh aufploppt.

Die Spannung steigt nun im wahrsten Sinne des Wortes. Achten Sie darauf, dass die beiden Teile möglichst gleichmäßig versetzt übereinanderliegen. Drücken Sie alles platt, sodass die beiden Pappteile eine Ebene bilden. Nun lassen Sie die Teile los – es macht „Plopp“, und aus einem flachen Gebilde ist ein Dodekaeder geworden. Besonders effektvoll ist es, wenn Sie die zusammengepressten Teile in die Höhe werfen und das Ergebnis wieder auffangen.

Die Spalten zwischen den äußeren Fünfecken sind jetzt geschlossen. An jede Kante eines Fünfecks schließt sich lückenlos ein weiteres an. Die äußeren Kanten der Blütenblätter von beiden Teilen ergänzen sich, sie bilden eine Zick-Zack-Linie rund um den Dodekaeder. Der Gummiring verläuft in der Mitte dieser Zick-Zack-Linie. Er liegt genau auf mittlerer Höhe des Dodekaeders in einer Ebene. Wäre der Dodekaeder beispielsweise aus Holz, könnte man ihn in dieser Ebene durchsägen. Welche Form hätte dann die Schnittfläche?

Der Gummiring liegt jeweils ein kleines Stück auf den Fünfecken auf. Er berührt die fünf äußeren Fünfecke des oberen Teils und ebenfalls die fünf des unteren Teils. Insgesamt sind es somit zehn gleich lange, gerade Abschnitte: Die Schnittfläche wäre ein reguläres Zehneck.

Die Konstruktion dieses Dodekaeders macht das Zählen seiner Flächen einfacher: Jedes der beiden Teile besteht aus einem Fünfeck in der Mitte mit fünf weiteren Fünfecken rundherum. Diese Anordnung bleibt beim Dodekaeder sichtbar: Ein Fünfeck oben, eines unten und jeweils ein Ring von fünf Fünfecken oben und unten. Ingesamt sind es zwölf Flächen, daher der Name Dodekaeder.

Der Dodekaeder gehört zu den fünf platonischen Körpern. Er ist der einzige dieser Körper mit regulären Fünfecken als Begrenzungsflächen. An jeder Ecke treffen drei Fünfecke zusammen. Im flachen Zustand ist zwischen jeweils zwei Fünfecken eine Lücke. Diese ist beim Dodekaeder geschlossen. Wären die Lücken zunächst nicht vorhanden, gäbe es keinen Spielraum, um einen dreidimensionalen Körper zu bilden. Daher gibt es beispielsweise keinen Körper, der nur aus regulären Sechsecken besteht. Drei dieser Sechsecke mit jeweils einem 120°-Winkel ergeben eine lückenlose Überdeckung der Ebene. Die Fünfecke haben an jeder Ecke einen Winkel von 108°. Stoßen drei zusammen, so gibt es insgesamt einen Winkel von 324°. Die verbleibenden 36° bis zum Vollkreis werden für das „Aufploppen“ genutzt.

Der griechische Philosoph Platon (427–347 v. Chr.) hat sich eingehend mit diesem und weiteren geometrischen Körpern befasst. Nach ihm ist die Gruppe der platonischen Körper benannt: Tetraeder, Würfel, Oktaeder, Dodekaeder und Ikosaeder. Alle haben gemeinsame Eigenschaften. Sie bestehen jeweils aus nur einer Sorte von regulären Vielecken, und an jeder Ecke des Körpers stoßen gleich viele Flächen zusammen. Zusätzlich müssen die Körper konvex sein. Das heißt, dass keine Ecke nach innen gerichtet ist, der Körper also keine „Delle“ hat. Platon nahm an, dass vier der fünf Körper die Grundbausteine für alle Dinge auf der Erde seien. Den fünften, den Dodekaeder, bezeichnete er als das Universum.

## Falt-Oktaeder

Dieser geometrische Körper zeigt seine innere Struktur in bunten Farben.

quadratisches Papier in drei Farben (zum Beispiel rot, gelb und blau)

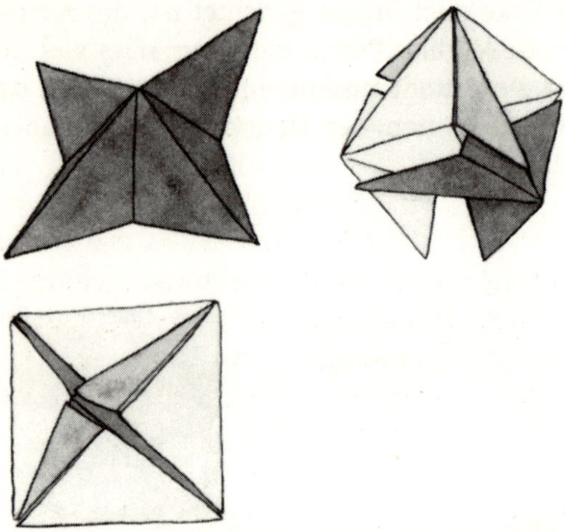

*Sechs quadratische Blätter werden entlang ihrer Symmetrieachsen gefaltet und aus sechs verschiedenen Richtungen zusammengefügt.*

Die Größe des Papiers ist für diesen Körper fast beliebig. Nur quadratisch muss es sein. Sie können zum Beispiel quadratische Notizzettel verwenden oder aus farbigem Schreibpapier Quadrate herstellen.

Zunächst werden alle Symmetrieachsen gefaltet. Beginnen Sie mit einem Blatt. Zwei Falze verlaufen zwischen den Mittelpunkten gegenüberliegender Kanten. Falten Sie das Blatt so zu einem Rechteck, dass zwei gegenüberliegende Kanten aufeinanderliegen. Falten Sie das Blatt wieder auf und drehen Sie es um 90°. Auch in dieser Position wird es zur Hälfte gefaltet und wieder aufgefaltet.

Legen Sie das Papier auf die Rückseite. Knicken Sie es entlang einer Diagonale, sodass zwei gegenüberliegende Ecken aufeinanderliegen. Falten Sie das Blatt wieder auf und wiederholen Sie den Vorgang an der anderen Diagonale.

Diesmal wird nicht wieder aufgefaltet. Halten Sie das Dreieck in die Höhe, die Hände an den Enden der zuletzt gefalteten Kante. Die rechtwinklige Spitze zeigt nach unten. Bringen Sie die Enden näher zusammen. Die vorbereiteten Falze werden in diesem Moment alle benötigt. Die Mitte des Blattes formt eine Spitze. Die beiden Falze zwischen den Seitenmitten werden zusammengeführt. Die Form sieht schließlich aus wie die inneren Stützwände einer Pyramide aus vier Dreiecken.

Diesen Vorgang wiederholen Sie mit insgesamt sechs Blättern. Am schönsten wird das Ergebnis, wenn Sie jeweils zwei in der gleichen Farbe vorbereiten.

Die sechs Teile müssen anschließend in der richtigen Reihenfolge zusammengesteckt werden. Halten Sie ein Teil mit der Spitze nach unten. Ein zweites Teil in einer anderen Farbe wird von oben hineingesteckt, und zwar nicht das gesamte, sondern nur eines der vier Dreiecke. Es muss genau in eines der offenen Dreiecke des ersten Teils gesteckt werden. Ein weiteres Teil in derselben Farbe wird entgegengesetzt in das erste hineingesteckt.

Schon jetzt ist die Form des fertigen Oktaeders zu erahnen. Mit den restlichen drei Teilen wird genauso verfahren. Dabei ist zu beachten, dass in jedes Teil zwei weitere hineingesteckt werden müssen und das Teil selbst in zwei andere eingesteckt wird. Die Spitzen der Teile zeigen jeweils in eine andere Richtung. Die erste Farbe wird so angeordnet, dass ein Teil nach oben und eines nach unten zeigt, die zweite Farbe nach rechts und links, die dritte nach vorne und hinten. Halten Sie alles gut fest. Besonders für das letzte Teil ist etwas Geduld und Geschick nötig.

Begutachten Sie den Oktaeder in seinen Einzelheiten. Die acht dreieckigen Flächen, welchen dieser geometrische Körper seinen Namen verdankt, sind offen und nur in ihren Kanten vorhanden. Die Kanten sind deutlich zu sehen. Halten Sie den Körper an einer Spitze fest. Von dort gehen vier Kanten aus. Auch von der gegenüberliegenden Spitze gehen vier Kanten aus, und weitere vier Kanten bilden einen Ring um die Mitte.

Die Flächen, die durch das Papier gebildet werden, liegen im Inneren des Oktaeders. Sie haben diejenige Form, die man erhält, wenn man den Körper entlang seiner Kanten durchschneidet: Quadrate. Die Kanten des Oktaeders sind somit die Kanten von drei sich durchdringenden Quadraten.

Jedes Quadrat hat eine andere Farbe. Sie bilden drei Ebenen, die jeweils senkrecht zueinander im Raum stehen. Die drei Ebenen sind die Symmetrieebenen des Oktaeders. Die Oktaederhälften auf den beiden Seiten einer solchen Ebene sind spiegelbildlich zueinander.

Quadratisches Papier, wie es für den Oktaeder verwendet wurde, ist die Grundlage der aus Japan stammenden Falttechnik Origami. Klassisches Origami verwendet ein einzelnes quadratisches Blatt, um unterschiedliche Figuren, wie zum Beispiel Tiere, zu falten. Heute gibt es eine Vielzahl von teilweise sehr komplexen Modellen. Geometrische Figuren wie die platonischen Körper sind ein wichtiger Teilbereich, der auch in der Mathematik Einzug gehalten hat. Die Faltstrukturen machen oftmals die dahinterstehenden mathematischen Strukturen deutlich.

Robert J. Lang: Origami Design Secrets. Mathematical Methods for an Ancient Art. Wellesley: Peters 2003.

## Ikosaeder

Der Begriff „Vielflächner" ist bei diesem Körper wörtlich zu verstehen. Doch die Zahl der Kanten, aus denen das Modell erstellt wird, ist noch größer.

Trinkhalme
Faden
Schere

*Fäden werden durch gleich lange Strohhalme hindurchgezogen und so verknotet, dass das Kantenmodell eines Ikosaeders entsteht.*

In diesem Modell werden alle Kanten aus Trinkhalmen gefertigt. Schneiden Sie für den Ikosaeder 30 gleich lange Trinkhalmstücke zurecht. Bei etwa 8 cm Länge wird der Körper so groß, dass Sie ihn gut handhaben können. Mit Trinkhalmen in Originallänge erhält man ein eindrucksvolles Objekt.

Ziehen Sie einen Faden durch drei Trinkhalmstücke. Legen Sie diese zu einem Dreieck und fixieren Sie die Form, indem Sie den Faden verknoten. Das zweite Dreieck erhalten Sie, wenn Sie zwei weitere Halme mit einem Halm des ersten Dreiecks verknoten. Mit dem dritten und vierten Dreieck verfahren Sie entsprechend. Ergänzen Sie die Figur zunächst so, dass alle Dreiecke an einer Ecke zusammentreffen. Für das fünfte Dreieck wird dann nur noch ein einzelner Halm benötigt, da um jeden Knotenpunkt fünf Dreiecke angeordnet sein müssen.

So können Sie den Körper immer weiter ergänzen: Je drei der Trinkhalme müssen ein Dreieck ergeben. Dabei gehört jeder Trinkhalm zu zwei Dreiecken. Insgesamt besteht der Ikosaeder aus 20 Dreiecken mit zwölf Knotenpunkten. Schon wenn Sie die ersten fünf Dreiecke um einen Knotenpunkt herum gebastelt haben, können Sie die Form des Ikosaeders erahnen.

An jedem Knotenpunkt müssen fünf Halme zusammentreffen, sodass rund um einen Knotenpunkt fünf Dreiecke entstehen. Jedes Dreieck muss einzeln verknotet werden, damit es stabil wird.

Betrachten Sie Ihren selbsthergestellten Körper einmal genauer: Er sieht von allen Seiten gleich aus: eine vollkommen regelmäßige Anordnung von Kanten und „virtuellen" Flächen. Wenn Sie die Kanten oder Flächen zählen möchten, ist diese Gleichmäßigkeit eher hinderlich. Sie können sich hierzu ein Modell mit verschiedenfarbigen Trinkhalmen vorstellen. Halten Sie den Körper an einer Ecke fest. Von dieser Ecke gehen fünf Kanten aus. Die Verbindungshalme zwischen den Enden dieser Kanten bilden ein Fünfeck. Diese zehn Halme rund um die Ecke, an der Sie den Körper festhalten, stellen Sie sich in einer Farbe vor. Von unten betrachtet sieht der Körper genauso aus: Ein Fünfeck mit weiteren Kanten zum Mittelpunkt. Diese Kanten erhalten eine zweite Farbe. Die dritte Farbe wird für die verbleibenden Halme in der Mitte benötigt. Sie bilden eine Zick-Zack-Linie rund um den Ikosaeder.

Die Kanten werden bei dieser Einfärbung fast automatisch gezählt. Sie hilft aber auch beim Zählen der Flächen:

fünf oben, fünf unten und zehn entlang der Zick-Zack-Linie.

Die Konstruktion aus Trinkhalmen und Faden können Sie auch für andere geometrische Körper verwenden. Dazu eignen sich Körper, die aus Dreiecken bestehen, wie Tetraeder oder Oktaeder. Drei mit einem Faden zu einem Dreieck verbundene Halme ergeben eine stabile Form. Im Gegensatz dazu müsste beispielsweise ein Quadrat zusätzlich durch die Diagonalen gestützt werden.

Der Ikosaeder ist einer der fünf platonischen Körper. Der griechische Philosoph Platon (427–347 v. Chr.) nahm an, dass die vier damals bekannten Elemente aus Bausteinen dieser Formen bestünden. Die Zuordnung entspricht den Eigenschaften der Formen und Elemente.

Der Ikosaeder entspricht laut seiner Annahme dem Element Wasser, da der Körper am leichtesten ins Rollen kommt. Dem spitzesten Körper, dem Tetraeder, wurde das beweglichste Element, das Feuer, zugeordnet. Zum Oktaeder gehört das Element Luft. Der Erde entspricht laut Platons Vorstellung dem Würfel, da es die einzige Form unter den platonischen Körpern ist, die stabil steht und lückenlos angeordnet werden kann.

## Fußball

„Der Ball ist rund“ lautet ein berühmtes Fußballzitat. Warum das aus mathematischer Sicht vollkommen falsch ist, zeigt dieses Experiment.

Kopiervorlage
Schere
Kleber

*Nach dem Ausschneiden der Vorlage entlang der breiten Linien erhält man durch Übereinanderkleben der Sechsecke einen Fußball.*

Kopieren Sie die Vorlage auf ein DIN-A4-Blatt, sodass es gut ausgefüllt ist. Man kann die Vorlage nach Belieben weiter vergrößern. Kleiner als A4 sollte es jedenfalls nicht sein. Schneiden Sie die Vorlage anschließend entlang aller dick gezeichneten Kanten aus. Die dünn gezeichneten Linien müssen erhalten bleiben. Zunächst wird der Umriss geschnitten. Zusätzlich gibt es mehrere Schnitte vom Rand zur Mitte, bei denen einzelne Sechsecke herausfallen.

Wenn Sie alles sorgfältig ausgeschnitten haben, nehmen Sie den durchlöcherten Bogen in beide Hände. Halten Sie ihn so, dass der Bogen – grob – die Form einer Kugel annimmt; so bekommen Sie eine Vorstellung davon, wie das Modell einmal aussehen soll.

Beginnen Sie an den sechseckigen Löchern mit dem Zusammenkleben. Um jedes Loch herum befinden sich sechs Sechsecke, die an einer Stelle durch einen Schnitt getrennt sind. Die beiden Sechsecke, die an den Schnitt angrenzen, werden aufeinandergeklebt. Achten Sie darauf, dass die Sechsecke passgenau aufeinanderliegen, damit aus dem sechseckigen Loch ein regelmäßiges Fünfeck entsteht. Machen Sie das zunächst an allen Löchern. Dadurch bildet sich nach und nach die Form des Fußballs heraus, sodass sich auch die restlichen Klebestellen ergeben. Achten Sie darauf, dass es nur fünfeckige Löcher geben soll.

Spätestens bei dieser Tätigkeit wird klar, aus welchen Formen ein Fußball besteht: aus Fünf- und Sechsecken. Die Sechsecke sind aus Papier, die Fünfecke entstehen aus den Löchern dazwischen. Wenn Sie die Vorlage vor dem Zusammenkleben an allen Kanten knicken, wird der Ball eckiger – sonst eher rund wie beim richtigen Fußball.

Die Struktur ist vollkommen regelmäßig. Wenn Sie mit dem Finger von Sechseck zu Sechseck über den Ball fahren, müssen Sie ständig entscheiden, ob Sie rechts oder links weitermachen. Die Anordnung der Fünf- und Sechsecke ist an jeder Stelle des Fußballs gleich. Die Sechsecke hängen alle aneinander. Die Fünfecke stehen einzeln und sind von Sechsecken umgeben. An jeder Ecke stoßen ein Fünfeck und zwei Sechsecke zusammen. Um jedes Fünfeck herum sind genau fünf Sechsecke angeordnet. Zählen Sie die Fünf- und Sechsecke. Wie viele sind es von jeder Sorte?

Geometrische Körper, die aus zwei oder mehr verschiedenen Sorten von Flächen bestehen, an jeder Ecke gleich aussehen und konvex sind, das heißt keine „Dellen“ haben, werden als „archimedische Körper“ bezeichnet. Der griechische Mathematiker Archimedes hat bereits im 3. Jahrhundert v. Chr. all diese Körper entdeckt. Die Form des Fußballs ist ein Ikosaederstumpf. Die Verwandtschaft mit dem Ikosaeder, dem Zwanzigflächner, erklärt sich so: Der Ikosaeder besteht aus zwanzig Dreiecken. An jeder Ecke stoßen fünf Dreiecke zusammen. Schneidet man die Ecke ab, so gibt es eine fünfeckige Schnittfläche. Die Sechsecke entstehen ebenfalls durch das Abschneiden der Ecken: Wenn man die drei Spitzen der Dreiecke wegnimmt, erhält man Sechsecke.

Die Form des Fußballs spielt auch an ganz anderer Stelle eine Rolle: in der Chemie. 1985 entdeckten Chemiker aus England und Texas eine stabile Kohlenstoffverbindung, das $C_{60}$-Molekül. Es hat die Form eines Ikosaederstumpfes: An jeder Ecke sitzt ein Kohlenstoffatom. Man kann die Zahl der Ecken einfach herausfinden, wenn man die Fünfecke zählt. Es sind zwölf Stück. Da jedes Fünfeck genau fünf Ecken enthält, hat der Fußball insgesamt genau $12 \cdot 5 = 60$ Ecken. Die Entdeckung dieses Moleküls wurde 1996 mit dem Nobelpreis ausgezeichnet. Das Molekül gehört zur Gruppe der „Fullerene“, die nach dem Architekten Richard Buckminster Fuller (1895–1983) bezeichnet werden. Die Form des Moleküls erinnerte seine Entdecker an die spektakulären Kuppelbauten des Architekten.

## Pentagrammleuchte

Dieses schöne Windlicht offenbart die Fülle der in ihm steckenden Mathematik erst durch das Licht einer Kerze.

Papier (am besten in einer hellen Farbe)
Schere
Kleber
Teelicht

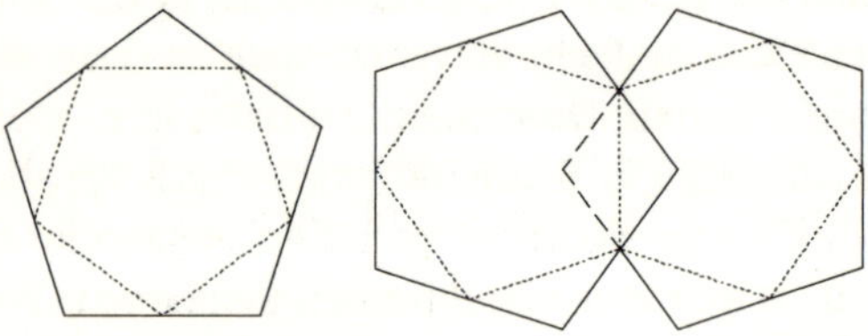

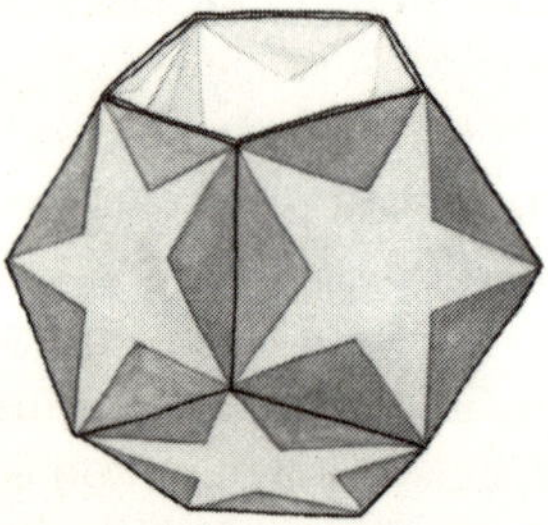

*Aus Papier werden elf Fünfecke ausgeschnitten. Ihre Spitzen werden gefaltet und als Verbindungslaschen verwendet, um einen oben offenen Dodekaeder zu formen.*

Zunächst benötigen Sie eine Schablone. Zeichnen Sie – zum Beispiel mithilfe eines Geodreiecks – ein Fünfeck auf ein Blatt Papier. Da es sich um ein reguläres Fünfeck handeln muss, ist das Maß von 108° für die Winkel vorgegeben. Die Kantenlänge sollte ungefähr 5 cm betragen.

Übertragen Sie das Fünfeck auf das Papier, aus dem Sie die Leuchte herstellen wollen. Mit leicht durchscheinendem Papier oder dünnem Elefantenhautpapier wird es am schönsten. Schneiden Sie insgesamt elf Fünfecke aus.

Bevor Sie mit dem Zusammenbauen beginnen können, müssen die Fünfecke vorgefaltet werden. Das ist etwas zeitaufwendig, aber je ordentlicher Sie arbeiten, desto schöner wird das Ergebnis. Markieren Sie zunächst an jedem der Fünfecke die Mittelpunkte der Kanten. Am besten mit Bleistift und möglichst dünn, damit man es bei der fertigen Lampe nicht mehr sieht.

Jedes Fünfeck wird fünfmal gefaltet. Die Faltkanten sind die Verbindungslinien zwischen benachbarten Seitenmittelpunkten. Sie können jeweils ein Lineal anlegen und entlang des Lineals falten. So müssen Sie nicht alle Linien einzeichnen, und die Faltkanten werden immer gerade. Auf diese Weise werden alle Spitzen der Fünfecke umgeknickt. Falten Sie am Schluss die Ecken wieder auf und wiederholen Sie dasselbe an allen elf Fünfecken.

Die Vorbereitungen sind abgeschlossen, und Sie können mit dem Zusammenkleben beginnen. Legen Sie zwei der Fünfecke etwas übereinander, und zwar so, dass sich eine Faltkante des einen und eine Faltkante des anderen genau decken. Das Dreieck an der Spitze des einen Fünfecks dient als Klebelasche für das andere und umgekehrt. An jeder Klebestelle bleibt die Lasche des einen Fünfecks außen sichtbar, während sich die Lasche des anderen im Innern befindet.

Fügen Sie die Fünfecke lückenlos mit Kleber zusammen. Jeweils drei Fünfecke bilden eine Ecke der Leuchte.

Bei den Klebelaschen sollten Sie sinnvoll abwechseln, wenn Sie entscheiden müssen, welche nach vorne und welche nach hinten kommt. Leider ist es aufgrund der Fünfer-Symmetrie nicht möglich, alles nach einem vollkommen regelmäßigen Muster zu ordnen. Insgesamt ergibt sich die Form eines Dodekaeders. Da es nur elf Teile sind, bleibt eine Seite offen. Die Klebelaschen am Rand der Öffnung werden nach innen oder außen umgeschlagen und festgeklebt. Bei Dunkelheit wird die Konstruktion der Leuchte sichtbar. Stellen Sie ein brennendes Teelicht hinein: Auf jeder Seite ist ein Stern zu sehen. Lassen Sie die Leuchte aber niemals unbeaufsichtigt brennen!

Der Name des Körpers ist im Fall dieser Leuchte nicht ganz richtig. Dodekaeder bedeutet Zwölfflächner. Da für das Teelicht eine Öffnung benötigt wird, sind nur elf der zwölf Seiten geschlossen.

Am faszinierendsten sind die beleuchteten Seiten der Leuchte. Jede zeigt einen Fünfstern, ein Pentagramm. Die Linien im Pentagramm sind nicht zufällig. Wenn Sie zwei gegenüberliegende Ecken des Fünfecks verbinden, entspricht die Linie genau den Kanten der Klebelaschen.

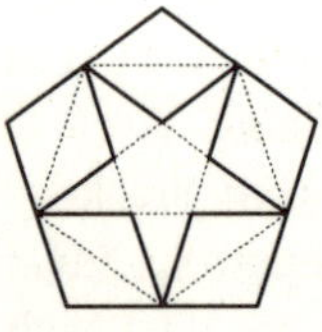

Betrachten wir ein einzelnes fünfeckiges Blatt mit den gefalteten dreieckigen Spitzen. Durch das Umknicken der Ecken werden die kleinen Dreiecke gespiegelt. Nimmt man die Form der Dreiecke vor und nach dem Umklappen zusammen, ergibt sich ein Parallelogramm. Sie können die – etwas geknickten – Parallelogramme an der Leuchte noch entdecken: Es sind die dunklen Bereiche, die jeweils über eine Kante des Dodekaeders verlaufen. Die Kanten des Sterns sind jeweils parallel zu den Kanten des ursprünglichen Fünfecks, weil es gegenüberliegende Seiten des Parallelogramms sind. Somit liegen alle Teilstücke des Fünfecks auf den Verbindungslinien zwischen gegenüberliegenden Ecken.

## Tetraeder im Würfel

Passt ein Tetraeder in einen Würfel? Kommt darauf an, wie groß der Tetraeder ist! Wenn man den Würfel so macht, dass der Tetraeder gerade noch hineinpasst, wird daraus ein spannendes Knobelspiel.

Papier
Schere
Kleber

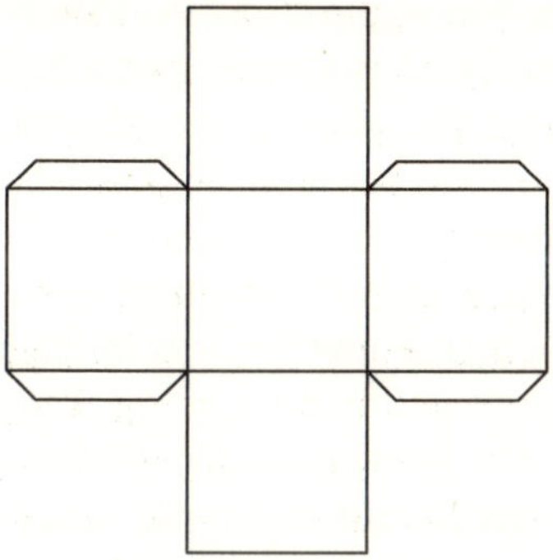

*Mithilfe des Experiments „Tetraeder“ wird ein kleiner Tetraeder hergestellt. Passend dazu wird ein oben offener Würfel gebastelt.*

Für dieses Experiment braucht man zwei Teile: einen Tetraeder und einen oben offenen Würfel. Den Tetraeder erhält man am einfachsten, wenn man ihn aus einem Blatt Papier faltet, wie im Experiment „Tetraeder“ beschrieben (S. 88). Verwenden Sie dazu ein Blatt der Größe DIN A5 (nicht DIN A4).

Der Würfel muss passend zum Tetraeder hergestellt werden. Die Diagonale der Würfelseiten muss ein wenig länger sein als die Kantenlänge des Tetraeders. Messen Sie dazu eine Kante des Tetraeders, teilen Sie die Länge durch 1,4 und rechnen Sie ca. 2 mm dazu. Das Ergebnis ist die Länge der Kanten des Würfels. Zeichnen Sie ein Netz mit den Seiten des Würfels und fügen Sie ausreichend Klebelaschen an. Da der Würfel oben offen sein muss, reichen fünf Seiten. Schneiden Sie das Würfelnetz aus und kleben Sie es zusammen. Versuche Sie dann den Tetraeder vollkommen in den Würfel einzufügen. Sie brauchen etwas Geduld, aber es geht!

Man kann sich dem Hintergrund dieses Experiments nähern, wenn man beschreibt, was man gemacht hat. Sicher haben Sie zuerst versucht, eine Spitze des Tetraeders in den Würfel zu stecken. Da das nicht funktioniert, versucht man meist als Nächstes, eine Seite des Tetraeders zuerst hineinzuschieben, was aber erst recht nicht geht. Es klappt nur, wenn man eine Kante des Tetraeders zuerst hineinsteckt, und zwar genau so, dass sie in der Diagonale des Würfels liegt. Wenn der Tetraeder ganz im Würfel ist, liegt jede seiner Kanten genau auf einer der Diagonalen des Würfels. Das kann man beim Zeichnen eines Tetraeders ausnutzen.

Haben Sie schon einmal versucht, einen Würfel oder einen Tetraeder frei Hand perspektivisch richtig zu zeichnen? Beim Würfel ist das gar nicht so schwer. Doch der

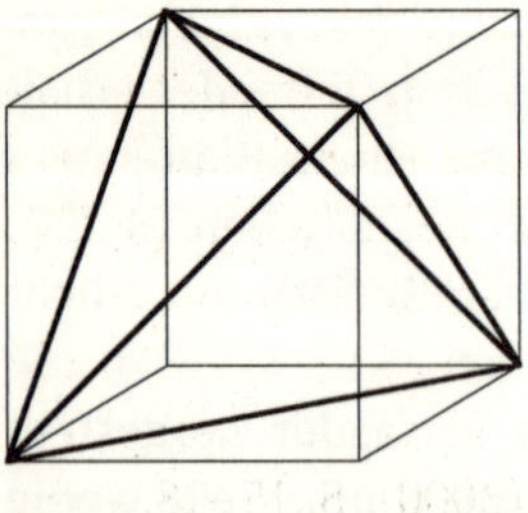

handgemalte Tetraeder ist meist kaum zu erkennen. Hier kann dieses Experiment als Vorbild dienen. Zeichnen Sie zunächst das Schrägbild eines Würfels. Das sollte mit Bleistift und nur ganz zart geschehen, damit man die Linien gut ausradieren kann. Jetzt wird auf jeder Seite eine

Diagonale eingezeichnet, indem man jeweils gegenüberliegende Ecken verbindet. Radiert man die Kanten des Würfels aus und lässt nur die Diagonalen stehen, so sieht man den auf einer Kante stehenden Tetraeder. Probieren Sie aus: Manche Schrägbilder eignen sich besser als andere. Es kommt auf den Winkel an.

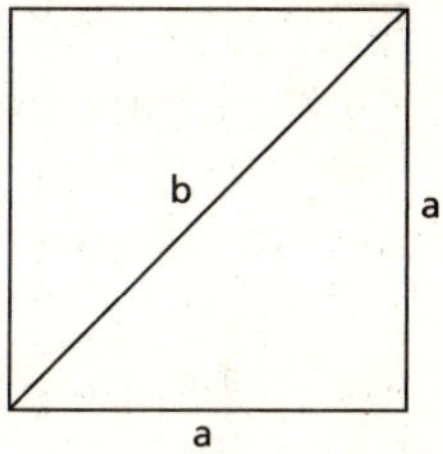


Aus der Lage der Kanten des Tetraeders im Würfel erklärt sich auch, wie die Maße des zum Tetraeder passenden Würfels berechnet wurden. Das kann man am einfachsten mit ein wenig formaler Mathematik beschreiben. Wir bezeichnen die Kantenlänge des Würfels mit a und die des Tetraeders mit b. Der Satz des Pythagoras lautet in diesem Fall $a^2 + a^2 = b^2$ oder kürzer $2 \cdot a^2 = b^2$. Also gilt für die Diagonale $b = \sqrt{2}a$ oder grob angenähert $b = 1{,}4 \cdot a$. Damit der Tetraeder gut in den Würfel passt, wurden noch 2 mm hinzugefügt.

Welchen Anteil des Volumens des Würfels füllt der Tetraeder aus? Auch das kann man durch Betrachten dieses Experiments herausbekommen. Schaut man in den Würfel mit dem Tetraeder hinein, so sieht man zwei Hohlräume. Auf der anderen Seite, die man von außen nicht einsehen kann, sind ebenfalls zwei Hohlräume. Jeder dieser Hohlräume hat eine Grundfläche, die genau halb so groß ist wie eine Seite des Würfels: $\frac{a^2}{2}$. Die Höhe der Hohlräume entspricht der Kantenlänge a des Würfels. Somit hat der pyramidenförmige Hohlraum ein Volumen von $\frac{1}{3} \cdot \frac{a^2}{2} \cdot a = \frac{1}{6}a^3$. Um das Volumen des Tetraeders zu bekommen, muss man das Volumen der vier Hohlräume vom Volumen des Würfels abziehen: $V = a^3 - 4 \cdot \frac{1}{6}a^3 = \frac{1}{3}a^3$. Der Tetraeder füllt also genau ein Drittel des Volumens des Würfels aus.

Gerlach, Carola: Was alles in den Würfel passt. In: mathematik lehren 98 (2000), S. 15–18.

## Keplerstern

Aus der Kombination von mehreren geometrischen Körpern entstehen neue Formen. Ein schönes Beispiel hierfür ist der Keplerstern.

Papier
Schere
Kleber

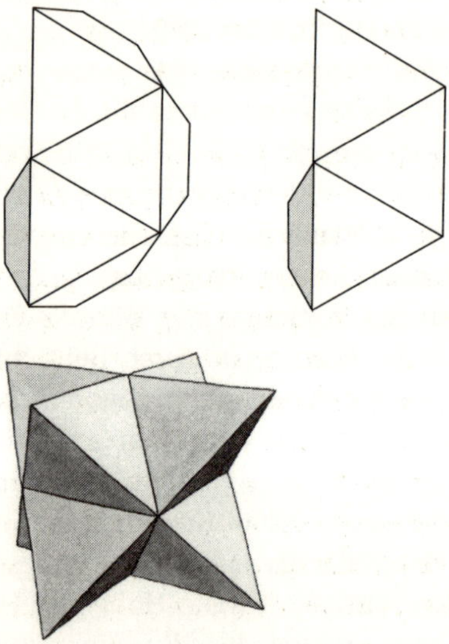

*Acht pyramidenförmige Spitzen werden zu einem sternförmigen Körper verbunden.*

Dieser geometrische Körper besteht aus acht Teilen, den Spitzen des Sterns. Es müssen zwei verschiedene Sorten von Teilen kombiniert werden, die sich nur in der Anzahl der Klebelaschen unterscheiden.

Kopieren Sie die Formen je viermal oder zeichnen Sie sie ab. Jedes Teil besteht aus drei gleichseitigen Dreiecken mit einer bzw. vier Klebelaschen. Die Kantenlänge der Dreiecke ist beliebig. Kantenlängen von 5 cm oder ein wenig mehr erleichtern das Zusammenkleben des Körpers. Schneiden Sie alle acht Teile aus. Malen Sie die Teile mit vier Klebelaschen in einer Farbe an und die Teile mit nur einer Klebelasche in einer zweiten Farbe (bzw. kopieren Sie sie auf verschiedenfarbiges Papier).

Aus den acht Teilen werden auf einer Seite offene, dreieckige Pyramiden geformt. Falten Sie alle Dreiecke und Laschen entlang der Linien vor. Mithilfe der markierten Klebelasche werden die Dreiecke verbunden. Bereiten Sie alle acht Teile entsprechend vor.

Schließlich werden die Teile kombiniert. An eine Pyramide mit drei Laschen werden drei Pyramiden ohne Lasche angeklebt, an jede Klebefläche eine. Die Laschen müssen immer auf die Innenseite der Pyramiden geklebt werden, damit man sie am Ende nicht mehr sieht. Zwischen den angefügten Teilen ist Platz für weitere Elemente. Die restlichen drei Teile mit Lasche werden jeweils zwischen zwei der Pyramiden eingefügt und mit zwei Laschen befestigt. Die verbleibende Lücke ist bereits von drei Klebeflächen umgeben. Sie wird mit dem verbliebenen Teil gefüllt.

Der entstandene Stern ist sehr stabil. Er ruht nicht nur auf seinen Spitzen, sondern auf mehreren Kanten. Auch oben und an den Seiten liegen die Kanten in einer Ebene. Verbindet man die acht Ecken gedanklich, so ergibt sich die Form eines Würfels.

Betrachten Sie die vier Spitzen des Sterns, die in einer Farbe eingefärbt sind. Es sind die Ecken einer dreieckigen Pyramide, des Tetraeders. Das Mittelstück dieses Tetraeders ist nicht zu sehen, und trotzdem kann man die Spitzen gedanklich gut zu einem einzigen Körper verbinden. Die

Teile beider Farben zusammen erscheinen als zwei sich durchdringende Pyramiden. Stellen Sie sich den Keplerstern innerhalb eines Würfels vor, der ihn genau umschließt. Das sähe dem Experiment „Tetraeder im Würfel" (S. 111) sehr ähnlich. Bei diesem Experiment steckt jedoch nur ein Tetraeder im Würfel. Der Keplerstern vereinigt beide Möglichkeiten, wie der Tetraeder in den Würfel eingefügt werden kann.

Der Stern steht außer zum Würfel und zum Tetraeder auch zu weiteren geometrischen Körpern in Beziehung. Stellen Sie sich vor, dass der Körper vollkommen aus Holz gefertigt und innen ausgefüllt wäre. An den Ecken befänden sich die acht kleinen Tetraeder. Diese müssten an einem geeigneten Mittelstück befestigt werden, damit es hält. Das Mittelstück muss aufgrund der Form der Spitzen dreieckige Flächen als Begrenzung haben, insgesamt acht Stück. Der einzige Körper, der aus acht gleichseitigen Dreiecken besteht, ist der Oktaeder.

Betrachten Sie alle nach innen gerichteten Kanten zwischen den Tetraedern, die Kanten, an denen Sie die Einzelteile des Sterns zusammengeklebt haben: Das sind die zwölf Kanten des Oktaeders. Der Oktaeder ist derjenige Teil des Keplersterns, der zu beiden sich durchdringenden Tetraedern gehört.

Der Keplerstern wurde nach seinem Entdecker, dem Naturwissenschaftler Johannes Kepler (1571–1630), benannt; Kepler selbst sprach von der „stella octangula" (= achteckiger Stern).

# 6.

## Reflexionen

## Spiegelprisma

Mit Spiegeln wird das Unendliche sichtbar!

drei Spiegelfliesen (silbern)
breites Klebeband
Cuttermesser

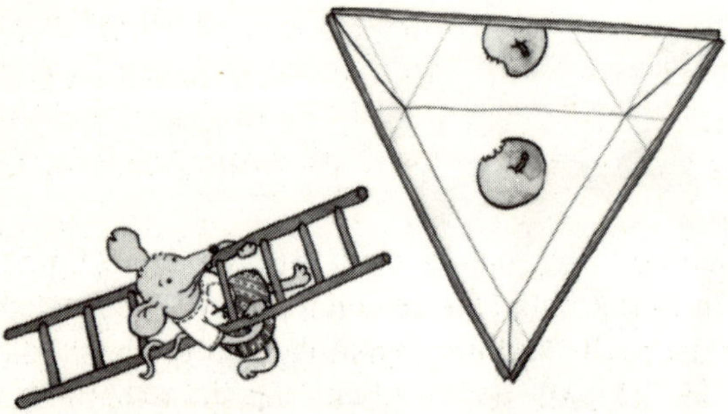

*Drei Spiegelfliesen werden zu einem Prisma verbunden. Durch ein Guckloch kann man die Effekte im Inneren beobachten.*

Zunächst wird eine der Spiegelfliesen präpariert, indem sie mit einem Guckloch versehen wird. Legen Sie dazu die Fliese auf die spiegelnde Seite, damit Sie die Rückseite bearbeiten können. Mit dem Rücken eines Cuttermessers können Sie die spiegelnde Beschichtung vom Glas entfernen. Sie müssen so lange kratzen, bis Sie gut durch das Glas hindurchsehen können. Zunächst wird die schwarze, dann die silberne Schicht entfernt. Das Loch sollte wenige Zentimeter über der Mitte der Spiegelfliese liegen und etwa 1,5 cm Durchmesser haben.

Stellen Sie anschließend alle drei Spiegelfliesen mit der spiegelnden Seite nach innen in Form eines dreieckigen Prismas auf. So soll das Spiegelprisma nach Fertigstellung aussehen. Um das zu erreichen, legen Sie alle Fliesen mit der spiegelnden Seite nach unten in eine Reihe. Die Kanten dürfen nicht direkt aneinanderstoßen, sondern müssen jeweils etwa 3 mm Abstand haben. Kleben Sie je einen Streifen Klebeband über die Spalten, um jeweils zwei Spiegelfliesen zu verbinden. Durch den Abstand zwischen den Fliesen bleibt die Verbindung gut beweglich. Verbinden Sie auf diese Weise die drei Spiegelfliesen zu einer „Kette". Stellen Sie dann die verbundenen Spiegelfliesen erneut in Dreiecksform auf – wieder mit der spiegelnden Seite nach innen – und verbinden Sie auch die dritte Kante mit dem Klebeband.

Schauen Sie durch das Guckloch in das Spiegelprisma hinein. Wie weit können Sie schauen? Würde die Intensität des Lichts durch die Weiterspiegelung nicht geringer, könnten Sie unendlich weit sehen. Aber auch so bekommen Sie einen guten Eindruck von der Unendlichkeit der Ebene.

Legen Sie einen Gegenstand in das Spiegelprisma hinein – am besten etwas, wovon Sie gerne viel hätten, zum Beispiel eine Münze – und schauen Sie erneut durch das Guckloch. Leider sind die vielen Münzen bis auf das Original nicht echt. Das können Sie unter anderem daran erkennen, dass nicht alle Münzen gleich aussehen. Die Hälfte davon ist spiegelverkehrt! Bei der ersten Spiegelung an einem der Spiegel entsteht diese „Umkehrung". Wird dieses Spiegelbild erneut gespiegelt, ist der Gegenstand wieder richtig usw.

Stellen Sie als Nächstes einen Gegenstand in das Spiegelprisma, der eine eindeutige Orientierung hat, beispielsweise ein Spielzeugauto oder eine kleine Figur. Wenn Sie sich die Spiegelungen anschauen, scheinen die Objekte in unterschiedliche Richtungen zu zeigen. Wenn Sie genau hinsehen, werden Sie erkennen, dass es nur wenige wirklich verschiedene Richtungen gibt. Alles andere sind Wiederholungen davon. Wie viele verschiedene Richtungen sind es?

Stellen Sie den Gegenstand so in das Spiegelprisma, dass er genau in eine Ecke „schaut“. Auch die Spiegelungen rund um diese Ecke schauen auf dieselbe Stelle. Zählen Sie die Spiegelungen an dieser Ecke: Es sind sechs. Alle anderen Spiegelbilder entsprechen einer dieser sechs Varianten. Die Zahl sechs lässt sich aus der Konstruktion des Spiegelprismas erklären. Es bildet ein gleichseitiges Dreieck mit 60°-Winkeln an den Ecken. Sechs dieser 60°-Winkel bilden einen Vollkreis von 360°.

Sie können das Spiegelprisma auch ohne einen Gegenstand im Inneren verwenden und die unendlich große Ebene der Spiegelungen mit Mustern versehen. Am einfachsten geht dies, wenn Sie das Spiegelprisma halb auf ein farbiges Blatt Papier stellen. Die Kante des Blattes muss durch das Prisma verlaufen. Je nach Anordnung bilden sich Sechsecke, Sterne oder andere Formen. Sie können noch viele weitere Muster erzeugen, wenn Sie selbst zu Papier und Stift greifen und eine passende dreieckige Einlage für das Spiegelprisma gestalten. Die Mathematik nennt diese regelmäßigen Muster, welche die komplette Ebene bedecken, „Parkettierungen“.

Im Kaleidoskop steckt das gleiche Prinzip: drei Spiegel in Form eines Prismas. Die bunten Formen im Kaleidoskop werden durch farbige Plättchen erzeugt, die genau wie im Spiegelprisma durch die Spiegel vervielfältigt werden. Der Name „Kaleidoskop“ kommt aus dem Griechischen und bedeutet „Schönbildseher“. Das Kaleidoskop wurde von dem schottischen Physiker David Brewster (1781–1868) erfunden.

## Spiegelbuch

Ein Bild in einem Spiegel bietet – mathematisch gesehen – noch keine großen Überraschungen. Interessant wird es aber, wenn zwei Spiegel kombiniert werden.

zwei Spiegelfliesen (silbern)
breites Klebeband (z. B. Paketklebeband)
kurzer Stab (z. B. Stift oder Zahnstocher)
Geodreieck

*Mit zwei an einer Kante verbundenen Spiegelfliesen können Gegenstände virtuell vervielfältigt und Formen „erspiegelt“ werden.*

Die zwei Spiegelfliesen werden mit dem Klebeband zu einem „Buch“ verbunden. Legen Sie dazu die Fliesen mit ihren spiegelnden Seiten aufeinander und kleben Sie einen Streifen Klebeband um eine Kante. Auf diese Weise bleibt die Verbindung beweglich.

Öffnen Sie das Spiegelbuch etwas und stellen Sie es aufrecht vor sich. Legen Sie einen kleinen Gegenstand – zum Beispiel eine Münze – zwischen die beiden Spiegel.

Wie oft sehen Sie den Gegenstand? Zählen Sie das Original mit!

Verändern Sie den Öffnungswinkel des Spiegelbuches. Wie verändert sich die Anzahl der Spiegelbilder? Sie können den Winkel messen. Am einfachsten geht das, wenn Sie das Spiegelbuch auf ein Blatt Papier stellen. Zeichnen Sie entlang der beiden Spiegel Linien auf das Blatt. Den Öffnungswinkel, also den Winkel zwischen den beiden Linien, können Sie mit einem Geodreieck bestimmen. Wie hängt die Anzahl der Spiegelungen mit dem Winkel zusammen?

Bei manchen Winkeln gibt es unvollständige Bilder. Bei anderen Winkeln scheinen alle Bilder komplett zu sein. Sie werden dabei eine Regelmäßigkeit feststellen: Bei 180° ist der Gegenstand zweimal zu sehen: das Original und eine Spiegelung. Bei 90° sind es bereits vier Bilder, bei 60° sechs usw.

Umgekehrt kann man auf diese Weise im Vorhinein berechnen, bei welchem Winkel eine bestimmte Anzahl zu sehen ist: Teilt man 360° durch die Anzahl der gewünschten Gegenstände (inklusive Original), erhält man den entsprechenden Winkel zwischen den Spiegeln. Beispielsweise ergibt 360° geteilt durch acht einen Winkel von 45°. Daher werden bei einer Einstellung von 45° acht Gegenstände zu sehen sein.

Schieben Sie die Spiegel so weit zusammen, dass nur ein kleiner Spalt bleibt: Dann sind sehr viele Spiegelbilder zu sehen, die kreisförmig angeordnet sind. Je kleiner die Öffnung zwischen den Spiegeln, desto mehr Bilder sehen sie. So nähern Sie sich der Zahl „Unendlich“.

Nicht alle Spiegelbilder sind gleich: Betrachten Sie die Münzen genau! Ein Teil sieht aus wie das Original. Die anderen sind spiegelverkehrt.

Das Spiegelbuch können Sie auch anders verwenden. „Erspiegeln“ Sie verschiedene geometrische Formen. Legen Sie einen kurzen Stab so zwischen die Spiegel, dass die eine Spitze an dem einen Spiegel und die andere an dem zweiten Spiegel anliegt. Wieder sieht man den Stab je nach Winkel mehr oder weniger häufig. Versuchen Sie den Stab so zu legen und das Spiegelbuch so weit zu öffnen, dass regelmäßige Figuren – Dreieck, Viereck, Fünfeck ... – entstehen. Wenn Sie den Stab leicht schräg zwischen die Spiegel legen, können Sie bei bestimmten Anordnungen auch Rauten und Sterne erkennen.

Kreieren Sie Ihre eigenen Figuren: Stellen Sie das Spiegelbuch auf ein Blatt Papier und zeichnen Sie Linien und Formen zwischen den Spiegeln. Können Sie einen Kreis oder eine geschlossene Wellenlinie zeichnen? Wie müssen Linien an den Spiegeln enden, damit sie an diesen Stellen nicht abzuknicken scheinen?

Im Laufe des Experiments haben wir ausgerechnet, wie viele Spiegelungen bei welchem Winkel zu sehen sind. Wenn Sie diese Rechnung mit verschiedenen Zahlen durchführen und die entsprechenden Einstellungen ausprobieren, werden Sie feststellen, dass es nicht immer hundertprozentig funktioniert. Ein Beispiel: 360° geteilt durch fünf ergibt einen Winkel von 72°. Wenn Sie das Spiegelbuch auf diesen Winkel einstellen und einen Gegenstand zwischen die Spiegel legen, wird er fünfmal zu sehen sein.

Interessant wird es bei einem Gegenstand mit einer eindeutigen Orientierung, wie zum Beispiel einem Pfeil. Zeichnen Sie einen Pfeil auf ein Blatt Papier und legen Sie ihn so zwischen die Spiegel, dass er auf den linken der beiden Spiegel zeigt. Wenn Sie die fünf Segmente mit den Spiegelbildern betrachten, sehen Sie links neben dem Original einen Pfeil, der zurück zum Originalpfeil zeigt. Das nächste Segment auf der linken Seite zeigt einen Pfeil, der nach rechts zeigt. In den beiden rechten Segmenten sehen

Sie Spiegelbilder, in denen die Pfeile aufeinander zeigen. Das Verwunderliche passiert beim Vergleich der hinteren beiden Spiegelungen: Beide Pfeile zeigen in dieselbe Richtung – obwohl der eine das Spiegelbild des anderen sein müsste! Verändern Sie Ihre Position vor dem Spiegelbuch. Können Sie so hineinschauen, dass in einem Segment entweder ein Pfeil mit zwei Spitzen oder die zwei Enden der Pfeile zu sehen sind?

Franke, Marianne: Didaktik der Geometrie. Heidelberg u. Berlin: Spektrum 2000.

## Eckspiegel

In diesem Spiegelversuch lernen Sie sich aus einer völlig neuen Perspektive kennen, die aber bei genauerer Betrachtung ganz alltäglich ist.

Drei Spiegelfliesen (silbern)
doppelseitiges Klebeband
stabile Schachtel (zum Beispiel Schuhkarton)
Taschenlampe

*Drei Spiegelfliesen werden jeweils rechtwinklig miteinander verbunden. Der so entstandene Eckspiegel bietet ungewohnte „Einsichten“.*

Bei diesem Experiment kommt es auf den Winkel an. Die ersten beiden Spiegelfliesen werden an einer Kante so verbunden, dass sie im rechten Winkel zueinander stehen. Die dritte Spiegelfliese muss zwei Bedingungen gleichzeitig erfüllen: Sie muss rechtwinklig zur ersten und rechtwinklig zur zweiten Spiegelfliese stehen. Alle drei zusammen bilden eine „Ecke“.

Am einfachsten geht das, wenn Sie eine bereits vorhandene Ecke verwenden. Kleben Sie die Spiegelfliesen mit doppelseitigem Klebeband in eine Ecke einer Schachtel. Diese muss möglichst stabil und genau rechtwinklig sein. Anschließend können Sie den Rest der Schachtel abtrennen.

Schauen Sie in den Eckspiegel hinein: Ihr Spiegelbild steht kopf! Noch etwas ist ungewohnt: Fast unabhängig davon, aus welcher Richtung Sie in die Ecke schauen – Sie können immer sich selbst sehen, auch wenn Sie zu zweit vor dem Spiegel stehen. Verändern Sie Ihre Position vor dem Spiegel. Ihr Spiegelbild bleibt immer in der Mitte des Eckspiegels. Versuchen Sie zum Vergleich zu zweit gleichzeitig in eine einzelne Spiegelfliese zu schauen. Im besten Fall sieht jeder den anderen, aber niemals beide sich selbst.

Machen Sie beim Blick in den Eckspiegel ein Auge zu. Das offene Auge erscheint direkt in der Ecke des Spiegels – daher ist es manchmal ein bisschen schwierig zu erkennen. Sie können den Weg des Lichts zu ihrem Auge etwas besser nachvollziehen, wenn Sie mit einer Taschenlampe in den Eckspiegel leuchten. Das Licht wird zur Taschenlampe zurückgeworfen, egal aus welcher Richtung Sie hineinleuchten.

Dieser Eigenschaft verdankt der Eckspiegel seine Anwendung in unserem Alltag: beim Fahrradreflektor. Das Licht, das auf den Reflektor trifft, soll nicht an irgendeine Stelle gelenkt werden, sondern zurück zu der Stelle, von der es ausgesendet wurde. Der Fahrer eines Wagens soll durch das von einem Reflektor zurückgeworfene Licht merken, wo sich ein Hindernis befindet. Das gleiche Prinzip steckt auch in der Folie von bei Nacht reflektierenden Straßenschildern.

Um die Mathematik dieser Spiegelungen zu verstehen, beginnen wir mit einem einfachen Spiegel. Eine einzelne

Spiegelfliese wirft wie der dreiteilige Eckspiegel ein Bild zurück. Es wird oftmals behauptet, ein Spiegel würde die Seiten vertauschen. Dies stimmt so jedoch nicht. Heben Sie vor einem normalen Spiegel die rechte Hand. Sie ist rechts im Spiegel zu sehen: Rechts bleibt rechts, links bleibt links, oben ist oben und unten bleibt unten.

Paradoxerweise ist genau das die Ursache dafür, dass wir das Bild im Spiegel als „spiegelverkehrt“ bezeichnen. Wenn Sie vor dem Spiegel die rechte Hand heben, so sehen Sie die Hand im Spiegel rechts. Sie ist somit die linke Hand ihres Spiegelbildes. Stellen Sie sich auf einem Bein vor den Spiegel. Wenn Sie auf dem rechten Bein stehen, dann steht das Spiegelbild auf dem linken.

Dieser Effekt tritt nicht nur bei links und rechts auf. Sie sind vielleicht einmal mit einem Fahrstuhl gefahren, an dessen Decke ein Spiegel befestigt ist. Ihr Spiegelbild scheint in diesem Fall auf dem Kopf zu stehen. Und dennoch vertauscht der Spiegel auch in diesem Fall nichts. Ihr Kopf ist dem Spiegel viel näher als Ihre Füße. Das Gleiche ist im Spiegelbild an der Decke zu sehen: Der Kopf nahe am Spiegel, also unten, und die Füße weiter weg vom Spiegel, also oben. Daher stehen Sie im Spiegelbild verkehrt herum.

Schauen Sie erneut in den Eckspiegel – diesmal nicht in die Ecke, sondern auf eine der Kanten, an denen zwei Spiegel zusammentreffen, also so, als wären zwei der Spiegel ein Buch, in dem Sie lesen. In den beiden Spiegeln ist wiederum Ihr Spiegelbild zu sehen. Doch etwas ist anders. Heben Sie erneut die rechte Hand: Sie erscheint links! Die beiden Spiegelfliesen zusammen vertauschen Ihr Spiegelbild: Rechts erscheint links und umgekehrt. Sie können sich das so vorstellen: Alles, was rechts auf den Spiegel trifft, wird zum linken Spiegel hinübergespiegelt und dann auf der anderen Seite zurückgeworfen. In diesem Spiegel sehen Sie sich so, wie andere Sie normalerweise sehen.

Der komplette Eckspiegel besteht aus drei Spiegeln. Daher tritt der Effekt der zwei Spiegel, also das Vertauschen der Seiten, doppelt auf. Es werden auch Oben und Unten vertauscht. So ergibt sich das auf dem Kopf stehende Bild. Sie sehen sich im Eckspiegel daher so, wie auch eine andere Person Sie sieht, nur eben auf dem Kopf.

## Spiegelsätze

Volle Wirkung trotz halben Aufwands? Mit einem Spiegel kann man die fehlende Hälfte eines Satzes ergänzen.

Rahmenloser Spiegel oder Spiegelfliese
Papier
Schere

*Halbe Buchstaben werden mithilfe eines Spiegels zu ganzen Wörtern und Sätzen ergänzt.*

Kopieren Sie die Vorlage auf Papier, am besten mehrfach. Besonders schön wird es, wenn Sie die Vorlage etwas vergrößern. Schneiden Sie die Felder aus, sodass alle Buchstaben einzeln sind.

| | | | |
|---|---|---|---|
| A | B | C | D |
| E | H | I | K |
| M | O | T | U |
| V | W | X | Y |

Ihnen ist wahrscheinlich aufgefallen, dass einige Buchstaben des Alphabets fehlen: F, G, J … Die fehlenden Buchstaben sind nicht symmetrisch, genauer gesagt haben sie keine Symmetrieachse. Im Gegensatz dazu haben alle anderen Buchstaben mindestens eine Symmetrieachse. Beim A beispielsweise sieht die linke Hälfte genau so aus wie die rechte, nur spiegelverkehrt. In der Mitte liegt die Symmetrieachse: Schneiden Sie die beiden Hälften an dieser Stelle auseinander.

Stellen Sie den Spiegel senkrecht auf den Tisch. Sie können ihn in dieser Position festhalten oder in steilem Winkel an einen Stapel Bücher, einen Karton oder etwas Ähnliches anlehnen. Legen Sie die eine Hälfte des Buchstabens A davor. Die Kante, an der sie das A zerschnitten haben, muss am Spiegel anliegen. Jetzt ist das A wieder vollständig. Die fehlende Hälfte wird durch das Spiegelbild ergänzt.

Beim B ist es etwas anders. Wenn Sie das B senkrecht durchschneiden, sehen die beiden Hälften unterschiedlich aus. Mithilfe des Spiegels entsteht in diesem Fall kein B, sondern im besten Fall eine mehr oder weniger gut erkennbare 8. Ganz anders, wenn Sie das B nicht senkrecht, sondern waagrecht durchschneiden. Das auf diese Weise entstandene Teil kann mithilfe des Spiegels zu einem vollständigen Buchstaben ergänzt werden.

Sortieren Sie die Buchstaben vor dem Zerschneiden je nach Lage der Schnittlinie, das heißt der Symmetrieachse. Bei drei Buchstaben des Alphabets müssen Sie sich entscheiden. Sie können sie entweder waagrecht oder senkrecht durchschneiden. In beiden Fällen werden die Buchstabenhälften durch den Spiegel zu einem kompletten Buchstaben ergänzt. Wenn Sie mehrere Kopien gemacht haben, bereiten Sie bei diesen besonderen Buchstaben von beiden Varianten ein paar vor.

Jetzt können Sie mit dem kreativen Teil des Experiments beginnen. Bilden Sie Wörter aus den halben Buchstaben! Wenn Sie Buchstaben mit waagrechter und mit senkrechter Symmetrieachse kombinieren, gibt es viele Wörter. Schwieriger wird es, wenn Sie jeweils nur eine Sorte verwenden. Dann sind die Wörter jedoch besser lesbar, da alle Buchstaben in die gleiche Richtung weisen. Bilden Sie Sätze aus den Wörtern. Können Sie einen ganzen Satz mit Wörtern einer Symmetriegruppe bilden?

Ein Beispiel: TIM HAT MUT. Wörter mit waagrechter Symmetrieachse haben einige Vorteile gegenüber denen mit senkrechter Symmetrieachse. Zum einen kann man sie besser mithilfe des Spiegels lesen, da die Buchstaben wie gewohnt nebeneinander und nicht übereinander stehen. Zum anderen ist die Auswahl größer. Das liegt an den Eigenschaften der Sprache. Das E ist der häufigste Buchstabe im Deutschen. Statistisch ist ungefähr jeder fünfte Buchstabe in einem deutschen Satz ein E. Da das E nur eine waagrechte Symmetrieachse hat, ist es leichter, Wörter dieser Art zu finden. Machen Sie daraus einen Wettbewerb: Wer findet den längsten Satz?

# 7.

# Kleine und große Zahlen

## Pi am Kölschglas

An einem Trinkglas kann man die Eigenschaften der Zahl Pi entdecken – und mit etwas Glück eine Wette gewinnen.

Kölschglas oder anderes schmales, hohes Glas
Schnur

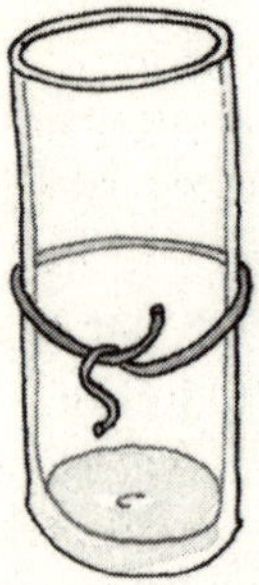

*Umfang und Höhe eines Trinkglases werden mithilfe einer Schnur verglichen.*

Trinkgläser gibt es in unzähligen Varianten: klein und groß, dick und dünn, hoch und niedrig, gerade oder geschwungen … Das Kölschglas gehört sicher zu den schlichtesten Gläsern. Es ist ein nahezu perfekter Zylinder: Der meist „schlanke“ Durchmesser ist an jeder Stelle des Glases gleich.

In diesem Versuch sind zwei Größen des Glases von Bedeutung: die Höhe und der Umfang. Vergleichen Sie beide Längen miteinander durch bloßes Anschauen. Benutzen Sie keine Hilfsmittel zum Messen. Was ist größer: die Höhe des Glases oder der Umfang, also eine Linie einmal rund um das Glas?

Jetzt überprüfen Sie Ihre Vermutung. Nehmen Sie ein Stück Schnur und führen Sie es einmal um das Glas herum. Halten Sie es so fest, dass Sie nach dem Abnehmen noch erkennen können, wie viel von der Schnur für den Umfang nötig war. Sie können die Schnur auch so zurechtschneiden, dass sie genau einmal um das Glas reicht. Dann halten Sie die Schnur von unten nach oben an das Glas, als ob Sie die Höhe messen wollten. Reicht Ihre Schnur aus? Ist sie zu lang?

Das Ergebnis ist verblüffend! Die Schnur reicht für die Höhe bei weitem aus. Die Länge des Umfangs ist viel größer als die Höhe des Glases. Hätten Sie das gedacht?

Das Phänomen lässt sich mithilfe der Kreiszahl Pi besser verstehen. Es fällt uns schwer, den Umfang gedanklich „abzurollen“ und ihn uns als gerade Linie vorzustellen. Wir nehmen unmittelbar nur die „Dicke“ des Trinkglases, also seinen Durchmesser wahr. Der Umfang ist länger als der Durchmesser, doch wie viel länger? Pi gibt die Antwort: Der Umfang hat etwa die 3,14-fache Länge des Durchmessers. Der Umfang eines Kreises ist immer mehr als dreimal so lang wie der Durchmesser. Das berücksichtigen wir beim Schätzen des Umfangs nicht und unterschätzen daher der Umfang dramatisch.

Zschiegner, Marc-Alexander: Die Zahl π – faszinierend normal! In: mathematik lehren 98 (2000), S. 43–46

Blatner, David: π – Magie einer Zahl. Reinbek: Rowohlt 2001.

## Im DIN-Format zum Mond

Für die Mathematik ist nichts unmöglich. In diesem Experiment wird gezeigt, dass man mit einem normalen Blatt Papier ganz einfach bis zum Mond kommen kann – zumindest in Gedanken.

Papier im Format DIN A4

An einem Blatt Papier ist auf den ersten Blick nichts Besonderes auszumachen. Schreibpapier hat in der Regel ein DIN-Format, meist DIN A4. Länge und Breite sind genau festgelegt: 21 cm x 29,7 cm. Es hat auch eine – kaum wahrnehmbare – Dicke. Standardpapier ist etwa 0,1 mm stark.

Falten Sie das Blatt einmal zur Hälfte. Das gefaltete Blatt ist kleiner; es hat genau die Hälfte der Fläche. Und doch sieht es dem ursprünglichen Blatt sehr ähnlich. Länge und die Breite des gefalteten Blattes stehen in einem bestimmten Verhältnis, und zwar im gleichen Verhältnis wie beim ungefalteten Blatt. Die lange Seite ist etwa 1,4-mal so lang wie die kurze Seite. Exakt ausgedrückt ist das Verhältnis der Seiten $1:\sqrt{2}$. Diese Längen haben eine für die DIN-Formate wichtige Eigenschaft: Immer, wenn die Maße eines Blattes in diesem Verhältnis stehen, hat das halbierte Blatt die gleichen Längenverhältnisse.

Falten Sie Ihr Blatt ein zweites Mal. Die Fläche wird erneut halbiert, die Längenverhältnisse bleiben gleich. Wahrscheinlich haben Sie es schon beim Falten gemerkt: Der Papierstapel wird ein bisschen dicker. Mittlerweile liegen vier Lagen übereinander. Wenn Sie ein weiteres Mal falten, sind es acht Lagen. Die Zahl der Papierlagen verdoppelt sich mit jeder Faltung. Nach dreimaligem Falten ist der Papierstapel fast 1 mm dick.

Wie lange können Sie so weiterfalten? Zehn Mal? Schätzen Sie, wie oft man das Blatt Papier insgesamt falten kann, ehe es so klein und dick geworden ist, dass keine weitere Faltung möglich ist. Und probieren Sie es anschließend mit Ihrem Blatt Papier aus.

Ihr Papierstapel ist jetzt wahrscheinlich etwa 1 cm dick. Wie oft konnten Sie falten? Lagen Sie mit Ihrer Schätzung richtig? Meist sind nur sechs oder sieben Faltungen möglich. Das letzte Mal Falten ist dabei in der Regel mit viel Kraftaufwand verbunden.

Der Rest des Experiments ist aus diesem Grund praktisch nicht mehr durchführbar. Statt dessen wird es in der Theorie spannend. Stellen Sie sich vor, dass Sie das Blatt immer weiter falten würden. Die Fläche würde immer kleiner werden und die Dicke immer größer. Genauer gesagt würde das Papier bei jedem Faltvorgang doppelt so dick werden. Wie oft müssten Sie falten, bis der Stapel so dick wäre, dass er die Höhe eines Tisches erreicht? Wie oft müssten Sie falten, bis der Stapel haushoch wäre? Man kann sich sogar überlegen, wie oft man falten muss, bis der Stapel bis zum Mond reicht. Der Mond ist etwa 380 000 km entfernt. Schauen Sie sich Ihren kleinen, gefalteten Papierstapel nochmals an. Erinnern Sie sich, wie oft sie gefaltet haben. Wie viele Tausend Mal müssen Sie falten, um eine Höhe zu erreichen, die bis zum Mond reicht? Oder muss man in Millionen von Faltungen denken?

Vielleicht haben Sie bei diesen Überlegungen bereits gestutzt. Mit Sicherheit ist es schwer vorstellbar. Das Ergebnis ist auf jeden Fall verblüffend: Das Blatt 42-mal zu falten reicht aus! Mit 41 Faltungen haben wir gerade mal die Hälfte geschafft, aber mit 42 Faltungen ist der Papierstapel weitaus höher als die Entfernung zwischen Erde und Mond. Die Erklärung liegt in der stetigen Verdopplung der Dicke. Die Stärke des Blattes von 0,1 mm verdoppelt sich bei jedem Knick. Sie erinnern sich: Nach sieben Faltungen hatte der Stapel eine Dicke von etwa 1 cm. Nach weiteren sechs Faltungen ist der Stapel über 1 m hoch. Nach jeweils sechs bis sieben Faltungen erhält man das Hundertfache des ursprünglichen Wertes.

Die Stärke des Blattes nach 42 Faltungen lässt sich durch 42-maliges Verdoppeln errechnen: $0{,}1\,mm \cdot 2 \cdot 2 \cdot 2 \cdot \ldots$ oder kürzer $0{,}1\,mm \cdot 2^{42}$. Das Ergebnis ist ca. 439 805 km – und damit weit hinter unserem Ziel.

Einen solchen Verlauf kann man in vielen Bereichen unserer Umwelt beobachten, beispielsweise in einem See, der von Algen befallen wird, oder bei der Zellteilung während der Entstehung eines Babys aus einer Eizelle. Die Mathematik spricht von exponentiellem Wachstum. Dieses hat die Eigenschaft, dass es zunächst kaum merklich startet und sich dann rasant beschleunigt. Bis man die hinter einem solchen Vorgang steckende Mathematik entdeckt, ist es daher oftmals fast zu spät. Der Vorgang ist bald kaum noch kontrollierbar.

## Seildreiecke

Winkel kann man nicht nur mit speziellen Hilfsmitteln wie einem Geodreieck bestimmen. Ein in bestimmten Abständen geknotetes Seil kann benutzt werden, um die wichtigsten Winkel zu bestimmen.

Schnur (zum Beispiel Bast oder Nylonschnur, notfalls ein Bindfaden)
Schere

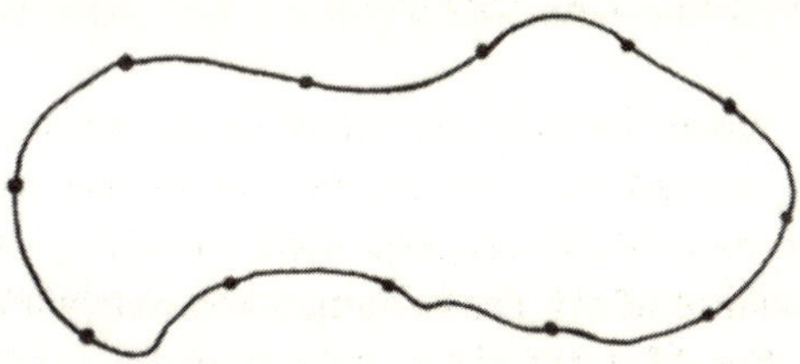

*Eine durch Knoten in zwölf gleiche Abschnitte geteilte Seilschlaufe kann zum Messen von Winkeln benutzt werden.*

Für dieses Experiment werden zwölf gleich lange Seilstücke benötigt. Die absolute Länge spielt keine Rolle. Bei etwa 40 cm Länge gibt es ein besonders schönes Ergebnis. Die Seile werden aneinandergeknotet: Das Ende des ersten an den Anfang des zweiten Stückes usw. Wichtig ist, dass der Abstand zwischen den Knoten überall genau gleich groß ist. Wenn Sie alle Seilstücke zu einem langen Seil zusammengeknotet haben, wird der Anfang mit dem Ende verbunden, sodass ein geschlossener Ring entsteht.

Das Seil kann sofort eingesetzt werden. Zu zweit oder zu dritt können Sie die Knotenschnur zu einem Dreieck formen. Halten Sie die Schnur an genau drei Knoten fest. Variieren Sie das Dreieck, indem Sie die Anzahl der Abschnitte zwischen den Stellen, an denen das Seil gehalten wird, verändern. Welche verschiedenen Dreiecke ergeben sich?

Die regelmäßigste Form erhalten Sie, wenn jeweils vier Abschnitte zwischen den Haltepunkten liegen. Alle Seiten sind in diesem Fall gleich lang, daher spricht man von einem gleichseitigen Dreieck. Auch die drei Eckwinkel sind gleich groß. Da die drei Innenwinkel in einem Dreieck immer eine Summe von 180° ergeben, hat jeder Winkel ein Maß von 60°.

Wenn mindestens zwei Seiten eines Dreiecks gleich lang sind, spricht man von einem gleichschenkligen Dreieck. Mit der Knotenschnur sind verschiedene gleichschenklige Dreiecke möglich. Die beiden gleich langen Seiten können drei, vier oder fünf Abschnitte haben.

Bilden Sie mit der Knotenschnur ein Dreieck, bei dem alle Seiten verschiedene Längen haben: Das Dreieck mit den Seitenlängen drei, vier und fünf Abschnitte. Die Besonderheit dieses Dreiecks liegt in dem Winkel, welcher der längsten Seite gegenüberliegt. Es ist ein 90°-Winkel, also ein rechter Winkel.

Dass es wirklich ein rechter Winkel ist, können Sie mithilfe des Satzes des Pythagoras überprüfen. Dieser Satz gilt für Dreiecke mit einem rechten Winkel (und nur für diese). Er besagt: Wenn man in einem rechtwinkligen Dreieck die Länge der längsten Seite mit sich selbst multipliziert, dann gibt es dieselbe Zahl, wie wenn man die Längen der anderen beiden Seiten mit sich selbst multipliziert und die Ergebnisse addiert. Das wird meistens mit der Formel $a^2 + b^2 = c^2$ beschrieben.

In diesem Experiment wird die Umkehrung des Satzes des Pythagoras verwendet: Wenn man drei Zahlen hat, die den Längen der Seiten eines Dreiecks entsprechen und diese die Formel $a^2 + b^2 = c^2$ erfüllen, dann handelt es sich um ein rechtwinkliges Dreieck.

Bei dem Knotenseil sind die Längen der drei Seiten bekannt. Eine Längenangabe in Zentimetern ist nicht nötig. Es reichen die Zahlen „drei", „vier" und „fünf", da alle Abschnitte gleich lang sind. Diese Zahlen setzt man in die Gleichung zum Satz des Pythagoras ein. Wenn die Gleichung stimmt, wenn also auf beiden Seiten das gleiche Ergebnis herauskommt, ist sicher, dass es ein rechtwinkliges Dreieck ist. Probieren Sie es mit den Maßen des Knotenseils aus: $3 \cdot 3 = 9$ und $4 \cdot 4 = 16$. Zusammen ergibt das $9 + 16 = 25$. Das Gleiche erhalten Sie, wenn Sie die Länge der dritten Seite mit sich selbst multiplizieren: $5 \cdot 5 = 25$.

Den Ägyptern war um 2300 v. Chr. die allgemeine Form des Satzes des Pythagoras noch nicht bekannt. Sie kannten aber schon den Nutzen der Zahlen 3, 4 und 5. Daher konnten Sie ähnliche Knotenseile herstellen, um rechte Winkel zu konstruieren.

Noch heute wird das im Handwerk genutzt, um zu testen, ob eine Ecke genau rechtwinklig ist. Misst man aus einer Zimmerecke heraus 60 cm in die eine und 80 cm in die andere Richtung und macht jeweils eine Markierung auf der Wand, so muss die Länge der direkten Verbindung zwischen den beiden Markierungen 100 cm betragen. Dann ist es ein rechter Winkel. Die Zahlen 60, 80 und 100 sind das Zwanzigfache von 3, 4 und 5, daher erfüllen Sie ebenfalls den Satz des Pythagoras.

## Ein unfaires Würfelspiel

Wer will schon gerne verlieren? Manchmal muss man dem Glück etwas nachhelfen, um zu gewinnen. Mithilfe der Mathematik kann man das ganz öffentlich tun und muss nicht auf unerlaubte Mittel zurückgreifen.

Papier
Lineal
Schere

oder
vier Holzwürfel

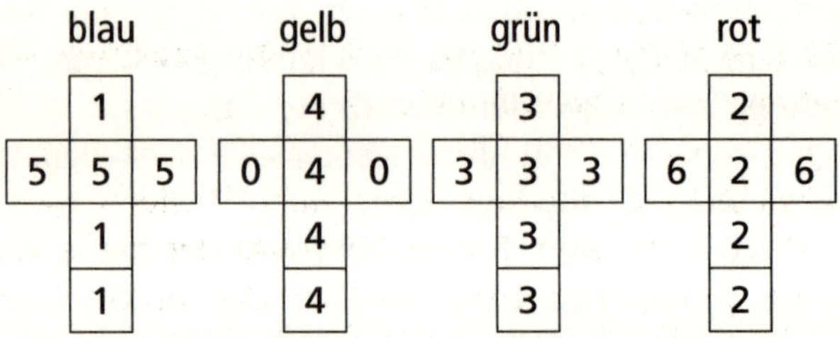


Für dieses Spiel braucht man nicht viel, nämlich vier Würfel – allerdings mit besonderer Beschriftung. Entweder verwenden Sie unbeschriftete Holzwürfel aus dem Bastelladen, oder Sie stellen die Würfel selbst aus Papier her. Um sie beim Spielen leichter unterscheiden zu können, bekommt jeder Würfel eine andere Farbe: zum Beispiel blau, gelb, grün und rot.

Der Trick besteht darin, dass auf den Seiten der Würfel nicht wie üblich die Zahlen 1, 2, 3, 4, 5, 6 stehen. Es tauchen auf jedem Würfel nur ein oder zwei verschiedene

Zahlen auf. Und: Jeder Würfel ist anders. Bei dem blauen Würfel werden drei Seiten mit einer 1 und drei Seiten mit einer 5 beschriftet. Beim gelben Würfel vier Seiten mit einer 4 und zwei Seiten mit einer 0. Der grüne Würfel erhält auf allen Seiten eine 3. Der rote Würfel wird mit vier Zweien und zwei Sechsen beschriftet.

Nach dem Herstellen der Würfel kann es sofort losgehen. Die Spielregeln sind einfach:

- Spieler 1 wählt einen der vier Würfel.
- Spieler 2 wählt einen der übrigen drei Würfel.
- Beide würfeln gleichzeitig.
- Der Spieler, dessen Würfel die höhere Augenzahl zeigt, erhält einen Punkt.
- Mit den gleichen Würfeln wird weiter gewürfelt, bis einer der Spieler zehn Punkte hat.

Bald werden Sie merken: Es ist nicht beliebig, welcher Würfel gewinnt. Zum Beispiel gewinnt der blaue Würfel meistens gegen den gelben. Das kann man auch verstehen: Wenn Blau eine 5 würfelt, gewinnt Blau immer. Wenn Blau eine 1 würfelt, gewinnt Blau in 2 von 6 Fällen, nämlich dann, wenn mit dem gelben Würfel eine 0 gewürfelt wurde. Die Gewinnchancen von Blau sind also höher als die von Gelb. Mit Zahlen kann man das genauer ausdrücken: Die Chance, dass Blau gegen Gelb gewinnt ist $3/6 \cdot 1 + 3/6 \cdot 2/6 = 2/3$. Also gewinnt Blau gegen Gelb mit der Wahrscheinlichkeit 2/3, also in fast 67 % der Fälle.

Vergleichen Sie auch die anderen Würfelkombinationen. Sie werden feststellen, dass der zweite Spieler immer einen Würfel wählen kann, mit dem er meistens gewinnt. Zum Beispiel gewinnt der gelbe Würfel meistens gegen Grün.

Sie können also Ihrem unwissenden Gegenspieler sagen, dass er sich den besten Würfel aussuchen soll – zeigen Sie die Würfel ganz ungeniert, damit ihr Gegenüber keinen Verdacht schöpft. Insgeheim wissen Sie jedoch, dass es zu jedem Würfel einen besseren gibt. Wenn Sie sich merken, welcher Würfel das jeweils ist, ist es sehr wahrscheinlich, dass Sie dieses Duell gewinnen.

Dieses Spiel widerspricht unserer alltäglichen Erfahrung. Viele Dinge kann man ordnen: Ein Flugzeug ist schneller als ein Auto und ein Auto schneller als eine Schnecke. Also ist das Flugzeug auch schneller als die Schnecke. „Bekommt mehr Taschengeld als" und „ist schwerer als" sind weitere Beispiele für solche – Mathematiker sagen „transitive" – Ordnungen.

Bei diesem Würfelspiel ist es anders: Der Vergleich läuft im Kreis!

- Der blaue Würfel ist besser als der gelbe.
- Der gelbe Würfel ist besser als der grüne.
- Der grüne Würfel ist besser als der rote.
- Und der letzte, der rote Würfel ist wiederum besser als der erste, der blaue.

Es gibt keinen schlechtesten Würfel – und keinen besten! Diese Ordnung ist daher „nicht-transitiv".

## Binärtrick

Mit diesem „Zaubertrick“ können Sie Ihre hellseherischen Fähigkeiten unter Beweis stellen und ihre Mitmenschen verblüffen.

Karton
(zum Beispiel Karteikarten)

| | | | | | | |
|---|---|---|---|---|---|---|
| 1 | 3 | 5 | 7 | 9 | 11 | 13 |
| 15 | 17 | 19 | 21 | 23 | 25 | 27 |
| 29 | 31 | 33 | 35 | 37 | 39 | 41 |
| 43 | 45 | 47 | 49 | 51 | 53 | 55 |
| 57 | 59 | 61 | 63 | | | |

| | | | | | | |
|---|---|---|---|---|---|---|
| 2 | 3 | 6 | 7 | 10 | 11 | 14 |
| 15 | 18 | 19 | 22 | 23 | 26 | 27 |
| 30 | 31 | 34 | 35 | 38 | 39 | 42 |
| 43 | 46 | 47 | 50 | 51 | 54 | 55 |
| 58 | 59 | 62 | 63 | | | |

| | | | | | | |
|---|---|---|---|---|---|---|
| 4 | 5 | 6 | 7 | 12 | 13 | 14 |
| 15 | 20 | 21 | 22 | 23 | 28 | 29 |
| 30 | 31 | 36 | 37 | 38 | 39 | 44 |
| 45 | 46 | 47 | 52 | 53 | 54 | 55 |
| 60 | 61 | 62 | 63 | | | |

| | | | | | | |
|---|---|---|---|---|---|---|
| 8 | 9 | 10 | 11 | 12 | 13 | 14 |
| 15 | 24 | 25 | 26 | 27 | 28 | 29 |
| 30 | 31 | 40 | 41 | 42 | 43 | 44 |
| 45 | 46 | 47 | 56 | 57 | 58 | 59 |
| 60 | 61 | 62 | 63 | | | |

| | | | | | | |
|---|---|---|---|---|---|---|
| 16 | 17 | 18 | 19 | 20 | 21 | 22 |
| 23 | 24 | 25 | 26 | 27 | 28 | 29 |
| 30 | 31 | 48 | 49 | 50 | 51 | 52 |
| 53 | 54 | 55 | 56 | 57 | 58 | 59 |
| 60 | 61 | 62 | 63 | | | |

| | | | | | | |
|---|---|---|---|---|---|---|
| 32 | 33 | 34 | 35 | 36 | 37 | 38 |
| 39 | 40 | 41 | 42 | 43 | 44 | 45 |
| 46 | 47 | 48 | 49 | 50 | 51 | 52 |
| 53 | 54 | 55 | 56 | 57 | 58 | 59 |
| 60 | 61 | 62 | 63 | | | |

*Mithilfe speziell beschrifteter Karteikarten kann man eine Zahl zwischen 1 und 63 herausfinden, die sich eine andere Person gedacht hat.*

Sechs Karten werden mit bestimmten Zahlen beschriftet. Sie können entweder die Vorlagen kopieren und auf Karton kleben oder die Zahlen abschreiben. Noch schöner wird es, wenn Sie verschiedenfarbigen Karton verwenden.

Nach der Fertigstellung der Karten können Sie sich einen Kandidaten für den ersten Versuch wählen. Bitten Sie die Person, sich eine Zahl zwischen 1 und 63 zu denken, aber nicht zu verraten. Dann zeigen Sie nacheinander die Karten. Ihr Freiwilliger soll jeweils sagen, ob sich die gedachte Zahl darauf befindet. Wenn dies nicht der Fall ist, legen Sie die Karte weg. Testen Sie auf diese Weise alle sechs Karten. Die Karten, auf denen die Zahl vorkommt, müssen Sie – unauffällig – genauer ansehen: Addieren Sie die jeweils ersten Zahlen all dieser Karten. Das Ergebnis ist die gedachte Zahl!

Ein Beispiel: Angenommen, die gedachte Zahl sei die 22. Diese ist auf drei Karten zu finden: In der linken oberen Ecke dieser Karten stehen die Zahlen 2, 4 bzw. 16. Dann rechnen Sie $2 + 4 + 16$. Das Ergebnis ist 22, also genau die gesuchte Zahl. Je schneller Sie die Zahlen addieren, desto verblüffender wirkt dieses Experiment.

Schauen Sie sich die ersten Zahlen auf den Karten einmal genauer an: 1, 2, 4, 8, 16, 32. Die nächste Zahl ist immer das Doppelte der Vorhergehenden. Man nennt diese Zahlen auch Zweierpotenzen, da jede als Produkt der Zahl 2 geschrieben werden kann:

$$2^1 = 2$$
$$2^2 = 2 \cdot 2 = 4$$
$$2^3 = 2 \cdot 2 \cdot 2 = 8 \text{ usw.}$$

Damit das System in jedem Fall funktioniert, wurde festgelegt, dass $2^0 = 1$ ist.

Durch Addieren unterschiedlicher Kombinationen dieser Zahlen kann man jede Summe zwischen 1 und 63 erhalten. 1 und 2 sind vorhanden. Für die 3 werden beide addiert. Die 4 ist wiederum vorhanden. Die 5 entsteht aus 4 und 1, die 6 aus 4 und 2, die 7 ist $4 + 1 + 2$. Jetzt wird eine neue Zahl benötigt, die 8. Und so geht es immer weiter.

Man kann sich leicht merken, wie die Zahlen auf den einzelnen Karten entstehen. Auf der ersten Karte stehen die ungeraden Zahlen 1, 3, 5 ... Die zweite Karte beginnt mit der Zahl 2, und es kommen immer zwei aufeinanderfolgende Zahlen, gefolgt von einer „Pause“ von zwei Zahlen: 2, 3, –, –, 6, 7, –, –, 10, 11, usw. Die nächste Karte beginnt mit der 4; auf eine Folge von vier Zahlen folgt eine Vierer-Pause: 4, 5, 6, 7, –, –, –, –, 12, 13, 14, 15, –, –, –, –, 20, 21, 22, 23 ...

In ganz entsprechender Weise kann man sich auch das System der anderen Karten klarmachen.

Sie können natürlich auch mehr oder weniger Karten verwenden. Dadurch vergrößert oder verringert sich die Auswahlmöglichkeit Ihrer Versuchsperson. Beachten Sie, dass bei einer größeren Anzahl von Karten das Addieren der Zahlen auch einmal etwas komplizierter sein kann.

Dieser Trick basiert auf dem Binärsystem, das Grundlage jedes Computers ist. Es wurde von Gottfried Wilhelm Leibniz (1646–1716) erfunden. Im Speicher des Computers sind Nullen und Einsen zu finden, die in „Strom an“ und „Strom aus“ übersetzt werden. Wenn im Experiment eine Karte ausgesondert wird, entspricht das einer 0, wenn sie für die gedachte Zahl nötig ist, entspricht das einer 1.

# 8.

# Geheimnisvolles

## Sandorf-Verschlüsselung

Verbergen und Verheimlichen muss nichts mit illegalen Machenschaften zu tun haben. Manchmal ist es wichtig, Botschaften zu übermitteln, ohne dass Dritte den Inhalt erfahren. So auch in Jules Vernes Buch *Mathias Sandorf*.

quadratische Notizzettel
Schere

Falten Sie einen quadratischen Notizzettel so, dass er nach dem Auffalten in 4 x 4 Felder eingeteilt ist: Zunächst halbieren, den entstandenen Streifen erneut halbieren und wieder auffalten. Das Gleiche quer und längs. Schneiden Sie dann die in nachstehender Zeichnung schwarz markierten Felder aus. Sie erhalten so die Verschlüsselungsschablone, mit welcher der danebenstehende Text entschlüsselt werden kann. Übertragen Sie diesen dazu auf einen weiteren Notizzettel, der entsprechend gefaltet wurde.

| | | | |
|---|---|---|---|
| C | P | H | S |
| M | A | O | D |
| E | N | A | S |
| S | E | C | S |

Um den Sinn des Textes zu entschlüsseln, legt man die Schablone darauf. Sie sehen jetzt nur noch die Buchstaben C O D E. Notieren Sie diese! Das ist der Anfang des verschlüsselten Satzes. Drehen Sie die Schablone um eine Vierteldrehung im Uhrzeigersinn und legen Sie sie wieder auf den Text. Dabei sollen Sie immer zeilenweise von links nach rechts lesen: S M A C. Notieren Sie diese Buchstaben direkt hinter den ersten vier. Und auf dieselbe Weise geht es weiter: erneut eine Vierteldrehung im Uhrzeigersinn: H E N S usw.

Erkennen Sie schon den Satz? **C O D E S M A C H E N S …**

Wenn Sie den Satz entschlüsselt haben, können Sie nach dem gleichen Prinzip eine eigene Nachricht verschicken. Der Text muss aus 16 Buchstaben bestehen. Legen Sie die Schablone auf einen leeren Notizzettel und tragen Sie die ersten vier Buchstaben ein: wieder zeilenweise von links nach rechts. Eine Vierteldrehung, dann die nächsten vier Buchstaben usw. Mit dem Empfänger ihrer Nachricht müssen Sie vorher vereinbaren, wie die Schablone aussieht, wie die Startposition ist und in welche Richtung gedreht wird.

Sie können auch eine eigene Verschlüsselungsschablone herstellen. Bei 16 Feldern werden genau vier Felder ausgeschnitten. Die auszuschneidenden Felder werden so gewählt, dass keines durch die Drehung doppelt auftritt und keines vergessen wird. Im Beispiel wurde die linke obere Ecke ausgeschnitten. Daher sind die anderen Ecken tabu. Durch jedes „Loch" können drei weitere Felder nicht mehr verwendet werden.

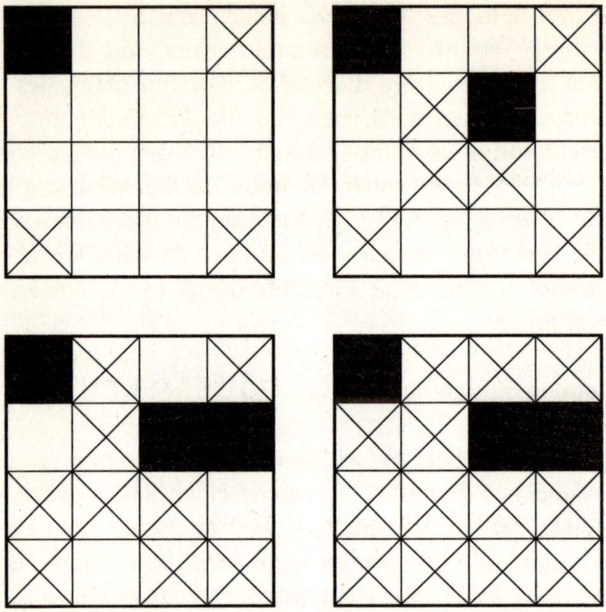

Wie sicher ist diese Verschlüsselungsmethode? Eine erste Antwort darauf gibt bereits die Zahl der möglichen verschiedenen Schablonen und Legemöglichkeiten. Das erste Feld kann an einer beliebigen Stelle ausgeschnitten werden. Die nächsten Felder stehen jeweils in einem Bezug zum ersten. Für die drei weiteren Löcher gibt es somit jeweils vier Möglichkeiten, wo diese ausgeschnitten werden. Daher gibt es $4 \cdot 4 \cdot 4 = 64$ verschiedene Schablonen. Ein Angreifer, der den Code knacken will, ist bereits mit dem Herstellen der Schablonen einige Zeit beschäftigt.

Doch damit nicht genug. Kennt der Angreifer die Schablone bereits, so hat er immer noch vier Möglichkeiten, an welcher Stelle er mit dem ausgeschnittenen Feld startet. Außerdem kann er im oder gegen den Uhrzeigersinn vorgehen. Wenn er nicht weiß, welches die Oberseite der

Schablone ist, verdoppelt sich die Anzahl der Möglichkeiten nochmals auf 16.

Wenn der Angreifer zwar die Verschlüsselungsmethode, aber weder die Schablone noch die Vereinbarungen zur Anwendung kennt, muss er im schlechtesten Fall $64 \cdot 16 = 1024$ Möglichkeiten ausprobieren. Kennt er zumindest die Schablone, so reduzieren sich die Möglichkeiten auf 16. In diesem Fall hat er den Code sicherlich schnell geknackt.

Sie wollen jetzt bestimmt Sätze mit mehr als 16 Buchstaben verschlüsseln. Die Original-Schablone im Buch von Jules Verne hatte 6 x 6 Felder. Wie viele Buchstaben muss Ihr Satz in diesem Fall haben? Wie sicher ist diese Variante?

Jules Verne, Mathias Sandorf

## Cäsar-Scheibe

Schon Julius Cäsar verwendete die Möglichkeiten der Verschlüsselung, um wichtige Botschaften vor zu neugierigen Blicken zu schützen. Das von ihm verwendete System, der Cäsar-Code, trägt noch heute seinen Namen.

Karton
Zirkel
Geodreieck
runder Briefknopf oder Musterbeutelklammer

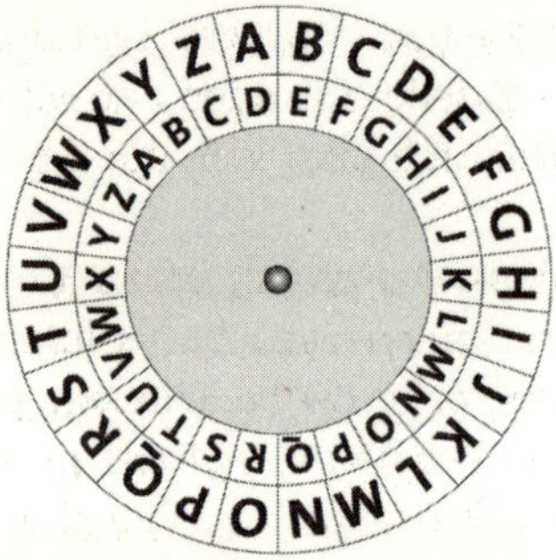


*Zwei unterschiedlich große Kreisscheiben werden in 26 Segmente eingeteilt und mit dem Alphabet versehen. Mit ihnen können Texte ver- und entschlüsselt werden.*

Auf dem Karton zeichnen Sie mithilfe des Zirkels zwei kreisrunde Scheiben auf, die sich der Größe nach voneinander unterscheiden. Man kann sich auch mit Tellern und Untertassen als Schablonen behelfen. Der Radius der äußeren Scheibe sollte etwa 2 cm größer sein als der Radius der inneren. Die Größe der Scheiben ist fast beliebig. 15–20 cm Durchmesser ist für die Herstellung und Benutzung am praktischsten. Nach dem Ausschneiden werden die Scheiben entsprechend der Zeichnung beschriftet.

Wie bekommt man die Buchstaben gleichmäßig auf die Scheiben? Dazu helfen das Geodreieck und eine kurze Rechnung. Ein Kreis hat 360°, und es gibt 26 Buchstaben. 360° geteilt durch 26 ergibt etwa 14° pro Buchstabe. Zunächst wird eine Linie vom Mittelpunkt des kleineren Kreises zum Rand eingezeichnet. Daran werden mit dem Geodreieck 14° abgetragen, dann noch einmal 14° und so weiter. Diese Einteilung geht gut auf und kann direkt auf den großen Kreis übertragen werden. Anschließend die Alphabete auf den beiden Scheiben eintragen und die Scheiben in der Mitte mit dem Briefknopf oder der Musterbeutelklammer verbinden. Dadurch lässt sich die innere Scheibe drehen.

Jetzt kann verschlüsselt werden! Dazu brauchen Sie zunächst ein Wort oder einen Satz zum Chiffrieren, also zum Verschlüsseln. Dann wird die Scheibe eingestellt, zum Beispiel so, dass der Buchstabe A auf der großen Scheibe gegenüber dem D auf der kleinen Scheibe steht. Verschlüsselt wird von außen nach innen: aus A wird D, aus B wird E ... So wird zum Beispiel aus CAESAR das Wort FDHVDU.

Das Entschlüsseln funktioniert genauso, jedoch von innen nach außen. Wichtig ist, dass dabei die gleiche Einstellung der Scheibe benutzt wird wie beim Verschlüsseln. Man muss also mit dem Empfänger der Nachricht vorher vereinbaren, wie die Scheibe eingestellt wird.

Was aber, wenn man nicht weiß, mit welcher Einstellung der Scheibe der Text verschlüsselt wurde? Dann sind wir in der Rolle des Angreifers, der den Text nicht lesen soll, aber den Code knacken will. In diesem Fall muss man alle Möglichkeiten durchprobieren. Es gibt insgesamt 26 Möglichkeiten, wie man die Scheibe einstellen kann: A zu A, A zu B, A zu C usw. Es kann also zwar etwas dauern, aber dieser Code ist nicht unknackbar.

Es wird berichtet, dass es die Angreifer bei Cäsar leicht hatten. Er hat den ersten Buchstaben des Alphabets immer mit C wie Cäsar verschlüsselt. Die Cäsar-Scheibe war aber noch nicht erfunden. Daher musste Cäsar die Verschlüsselung so durchführen, dass er das Alphabet in eine Reihe geschrieben hat und dann in der Zeile darunter das Alphabet etwas versetzt ein zweites Mal notiert hat. Die Idee mit der Scheibe ist um einiges jünger. Sie stammt aus dem Mittelalter und wurde von Leon Battista Alberti (1404–1472) erfunden.

Albrecht Beutelspacher, Geheimsprachen. München: C. H. Beck 2002.

Albrecht Beutelspacher, Christian und die Zahlenkünstler. München: dtv 2007.

## Skytala

leere Küchenpapier-Rolle
(am besten gleich zwei)
Papier
Schere
Kleber
Klebeband

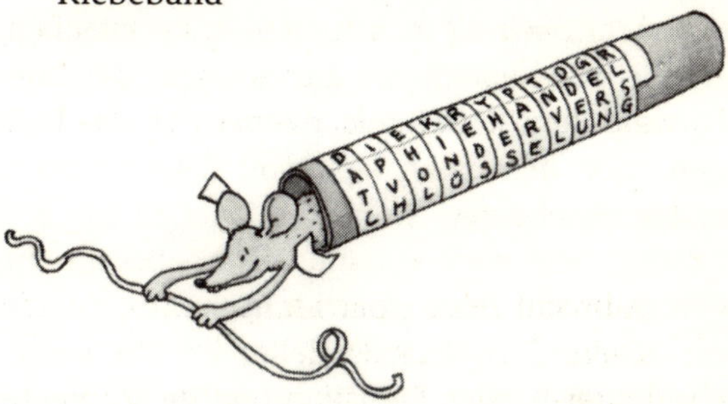

*Ein auf einem schmalen Papierstreifen geschriebener Geheimtext wird durch das Aufwickeln auf eine Papprolle entschlüsselt.*

Für dieses Experiment brauchen Sie einen langen, schmalen Papierstreifen: 1–2 cm breit und 2–3 m lang. Schneiden Sie dazu von einem Blatt Papier schmale Streifen ab – alle gleich breit – und kleben Sie diese zu einem langen Streifen zusammen.

Der Papierstreifen wird auf die Küchenpapier-Rolle aufgewickelt. Beginnen Sie an einem Ende und wickeln Sie den Streifen spiralförmig herum. Die Papprolle sollte zwischen den einzelnen Windungen nicht sichtbar sein, aber die Streifen dürfen auch nicht übereinanderliegen. Fixieren Sie Anfang und Ende des Papierstreifens mit etwas Klebeband.

Ihre Verschlüsselungsmaschine ist somit bereit für Ihren ersten Einsatz. Schreiben Sie Ihre Botschaft auf die umwickelte Rolle – nicht spiralförmig entlang dem Papierstreifen, sondern zeilenweise längs der Rolle. Schreiben Sie in jeder Zeile nur einen Buchstaben pro Streifen. Satz- und Leerzeichen lassen Sie weg. Am Ende der Zeile angekommen, beginnen Sie eine neue Zeile, auch mitten im Wort.

Die Verschlüsselung ist schwieriger zu knacken, wenn Ihr Text die Rolle möglichst gut ausfüllt. Sie haben pro Zeile so viele Buchstaben wie Windungen des Papiers. In der Regel kann man zehn bis zwölf Zeilen schreiben. So können Sie abschätzen, wie viele Zeichen Ihr Text etwa haben muss. Wie wäre es mit der Wegbeschreibung zu einem Versteck mit einer Überraschung?

Diese Nachricht soll anschließend – für nicht Eingeweihte unlesbar – zum Empfänger gebracht werden. Das Verschlüsseln ist ganz einfach: Wickeln Sie den Text ab! Aus den zeilenweise geschriebenen Worten, dem Klartext, wird so ein langer Streifen mit sinnlos erscheinenden Buchstaben, dem Geheimtext. So getarnt kann die Information völlig offen zum Empfänger transportiert werden.

Zum Entschlüsseln braucht Ihr Empfänger wieder eine Rolle. Es muss eine Rolle mit genau dem gleichen Durchmesser sein. Der Durchmesser ist in diesem Fall sozusagen der Schlüssel des Codes. Nach dem erneuten Aufwickeln des Papierstreifens kann der Text gelesen werden.

Der Name dieser Verschlüsselung leitet sich aus dem wichtigsten Hilfsmittel ab: „Skytala“ ist das griechische Wort für „Rolle“. Der spartanische General Lysander hat während des Peloponnesischen Krieges (431–404 v. Chr.) Nachrichten versendet, die mit einer Skytala verschlüsselt wurden.

Es handelt sich hierbei um einen „Transpositionscode“, also einen Code, bei dem die Buchstaben in ihrer Reihenfolge geändert werden bzw. ihre Position ändern. Transpositionscodes bilden zusammen mit den Substitutionscodes (wie etwa dem Caesar-Code) auch heute noch wichtige Bausteine zur Konstruktion kryptografischer Verfahren.